Cálculos Químicos

M. en C. Oscar D. Valencia Carmona

© Oscar D. Valencia Carmona, 2020

Publicado por kindle direct publishing, Amazon Inc.

Todos los derechos reservados. Prohibida la reproducción total o parcial en cualquier forma o medio sin autorización expresa del autor o editor.

ISBN: 9798588734257

Diciembre 2020.

Prefacio

El objetivo primordial de la presente obra es servir como auxiliar didáctico para la resolución de problemas cuantitativos en química general y química analítica, por lo tanto, está enfocado en ayudar en la solución de tareas y exámenes a aquellos estudiantes de licenciaturas o ingenierías relacionadas con la química, que dentro de sus planes de estudio cursen con dichas asignaturas; o bien, a aquellos estudiantes de bachillerato enrolados en las olimpiadas nacionales de química. Después de una breve introducción sobre matemáticas y un ligero repaso a conceptos fundamentales de química general, los razonamientos que alimentan al análisis cuantitativo van de la mano con la resolución de problemas, ya que éste es el fin último de la rama tanto en el aula como en el campo de aplicación, a fin de que nada quede en la abstracción. Este material abarca desde la estequiometría de las reacciones químicas, pasando por los equilibrios ácido – base y de solubilidad, para culminar con la electroquímica. Adicionalmente en cada capítulo se encuentran diversos problemas con sus respectivos planteamientos y respuestas, a fin de esclarecer en el estudiante, paso a paso, el porqué de todas las operaciones. En los anexos el estudiante encontrará todo lo necesario para realizar los problemas complementarios, incluidas las respuestas a éstos para su autoevaluación.

Agradecimientos:

Cualquier tipo de dedicatoria se quedaría corta para agradecer el apoyo recibido de los siguientes profesionales para la realización de la presente obra:

- Q. B. Metztli E. Bautista Pérez: Revisión pedagógica.
- Ing. Edgar L. Valencia C.: Revisión técnica de los capítulos 1 y 8.
- Ph. D. Luis Ángel Martínez Martínez: Un ejemplo para la juventud latinoamericana y quien, sin saberlo, aportó mucho para la realización de la obra.

Resumen de contenido

1. Herramientas matemáticas

2. Química general

3. Balanceo de ecuaciones químicas

4. Formas de expresar concentración

5. Estequiometría

6. Equilibrios ácido – base

7. Equilibrios de solubilidad

8. Electroquímica

Anexo 1: Cationes y aniones más comunes

Anexo 2: Masas molares de elementos y compuestos seleccionados

Anexo 3: Formulario general

Anexo 4: Respuestas a los problemas complementarios

Tabla de contenido

Capítulo 1. Herramientas matemáticas 1
- Despeje de incógnitas 1
- Análisis dimensional 3
- Sistemas de ecuaciones lineales 5
- Notación científica 7
- Cifras significativas 9
- Logaritmos 12
- Reglas de tres y factor unitario 13

Capítulo 2. Química general 17
- Escritura de fórmulas químicas 17
- Electronegatividad y números de oxidación 18
- El mol y la masa molar 21
- El equilibrio químico y la ecuación cuadrática 23

Capítulo 3. Balanceo de ecuaciones químicas 27
- Balanceo por tanteo. 29
- Balanceo por método redox 34
- Balanceo por ión – electrón 38
- Ejercicios complementarios. 47

Capítulo 4. Formas de expresar concentración 51
- Molaridad (M) 52
- Normalidad (N) 55
- Molalidad (m) 58
- Fracción molar (X) 59
- Composición porcentual 60
- Partes por millón (ppm) 62
- Diluciones 63
- Problemas complementarios: 69

Capítulo 5. Estequiometría 73
- Relaciones mol – mol, mol – masa y masa - masa 73
- Relaciones mol – volumen y masa – volumen 75
- Reactivo limitante 77
- Análisis gravimétrico 79

    Problemas complementarios 87

Capítulo 6. Equilibrios ácido – base 95
    Fuerza de ácidos y bases 95
    La escala de pH 99
    Cálculo de pH en soluciones diluidas 101
    Sistemas amortiguadores 105
    Predicción de reacciones ácido – base. 107
    Titulaciones 110
    Problemas complementarios 119

Capítulo 7. Equilibrios de solubilidad 125
    Predicción de formación de precipitados 129
    Efecto del ión común en la solubilidad 130
    Precipitación fraccionada 132
    Problemas complementarios 136

Capítulo 8. Electroquímica 139
    Fuerza electromotriz y celdas electroquímicas 140
    Parámetros fisicoquímicos de las reacciones redox 146
    Efecto de la concentración en el potencial de celda 147
    Electrólisis 149
    Problemas complementarios 156
    Anexo 1. Cationes y aniones más comunes 159
    Anexo 2. Masas molares de elementos y compuestos seleccionados 160
    Anexo 3. Formulario general 164
    Anexo 4. Respuestas a los problemas complementarios 168

Capítulo 1. Herramientas matemáticas

Si bien es cierto que para la resolución de problemas de química analítica es de suma importancia el razonamiento y criterio del analista desde el punto de vista químico, todo esto puede no significar nada si no se tienen las bases del álgebra.

Lejos de ser una revisión abstracta, como lo suelen ser aquellas que figuran en libros de texto de matemáticas y que se imparten en la cátedra cotidiana, aquí se trata al álgebra desde el punto de vista de sus aplicaciones apoyado en mnemotecnias y consejos que le serán de ayuda al estudiante y al analista al momento de utilizar las herramientas matemáticas en la resolución de situaciones cotidianas en química analítica, para así solventar las dificultades inherentes al tratar con las matemáticas.

Despeje de incógnitas

Todos sabemos las reglas generales del despeje de incógnitas en las ecuaciones desde la educación básica: "si se encuentra multiplicando pasa dividiendo, si se encuentra sumando pasa restando y viceversa". Sin embargo, al momento de aplicarse fuera de la asignatura de álgebra y aplicarlo en otras ciencias, suele suceder que nos bloqueemos al aplicar estas reglas.

Consideremos la ecuación de Charles que indica la relación entre la presión (P) y la temperatura (T) de un gas ideal:

$$\frac{P_1}{T_1} = \frac{P_2}{T_2}$$

Supongamos que conocemos las condiciones iniciales (aquellas indicadas con subíndice 1) y la temperatura final (T_2) y queremos conocer la presión final (P_2). Sabemos que nuestra incógnita se encuentra en una división, por lo que al despejarla deberá formar una multiplicación, sin embargo, aquí es donde nos encontramos con el problema, ya que ¿cuál deberá de ser la forma y el orden final de las operaciones? Un buen truco es establecer ciertas relaciones fáciles de recordar y resolver que sean similares a la situación original. Por ejemplo, si pensamos en la siguiente igualdad (usted podría pensar en alguna de su preferencia, igual funciona):

$$\frac{10}{2} = \frac{P_2}{5}$$

Podemos ver que tiene la misma forma que la ecuación de Charles y mentalmente podemos saber que el valor de P_2 deberá de ser 25, ya que al dividir éste entre 5 resultará 5, lo cual es exactamente igual al resultado de dividir $10 \div 2$. Por consiguiente, la forma en que se puede obtener 25 como resultado en un despeje es la siguiente:

$$P_2 = 5 \times \frac{10}{2} = \frac{5 \times 10}{2} = \frac{50}{2} = 25$$

Por lo tanto, en la ecuación de Charles, al querer conocer el valor de P_2:

$$P_2 = T_2 \frac{P_1}{T_1} = \frac{T_2 \times P_1}{T_1}$$

Consideremos ahora la ecuación general del gas ideal; si conocemos la presión que ejerce un gas (P), la temperatura (T) y el número de moles presentes (n), podemos calcular el volumen que ocupa dicho gas de acuerdo con:

$$PV = nRT$$

En donde R es la constante de los gases ideales, es decir, un valor conocido. Podemos no saber o no tener la suficiente práctica como para decidir en un solo paso como despejar la incógnita, que en este caso es V, sin embargo, lo podemos abordar de la siguiente manera: Conocemos las variables n y T, las cuales se multiplicarán por la constante R y darán un número (el valor no importa por el momento), entonces, al plantear una igualdad con la misma forma, tenemos:

$$2V = 10$$

Mentalmente sabemos que el valor de V es 5, ya que es el único número que multiplicado por 2 da 10, por lo que, si queremos despejar V, diríamos:

$$2V = 10 \therefore V = \frac{10}{2}$$

Considerando una analogía entre la ecuación del gas ideal y ésta expresión, tenemos que si queremos despejar V:

$$\text{Como en:} \quad 2V = 10 \quad \therefore V = \frac{10}{2}$$

$$\text{Entonces en: } PV = nRT \therefore V = \frac{nRT}{P}$$

Y ya tenemos nuestra incógnita despejada, basándonos en identidades sencillas y que, de antemano, sabemos cuáles son sus resultados.

Análisis dimensional

Otra forma de abordar los despejes en las fórmulas y que también nos es de utilidad para validar nuestros resultados, es el manejo de las unidades con las que se expresan las magnitudes. Estamos acostumbrados a que dentro de una fórmula, solo se realizan operaciones con los números, pero esto es solo parcialmente, ya que todas las magnitudes numéricas están acompañadas de unidades de medida, que le dan un sentido real a algo abstracto como los números. Así, cuando resolvemos la ecuación de Charles de nuestro ejemplo del apartado anterior, la presión se mide en atmósferas (atm) y la temperatura en kelvin (K), por lo tanto, al realizar nuestro despeje y sustituir los siguientes valores en él, tenemos:

Datos:

$P_1 = 0.500$ atm $T_1 = 293.15$ K $T_2 = 300$ K $P_2 = ¿?$

Despeje:

$$P_2 = T_2 \frac{P_1}{T_1} = \frac{T_2 \times P_1}{T_1}$$

Sustitución:

$$P_2 = \frac{300 \text{ K} \times 0.5 \text{ atm}}{293.15 \text{ K}}$$

1. Herramientas matemáticas

Al realizar los cálculos correspondientes, los kelvin al estar tanto en el numerador como en el denominador se eliminan y queda el resultado en atmósferas, la cual es la unidad de medida de presión:

$$P_2 = \frac{300\,\cancel{K} \times 0.5\text{ atm}}{293.15\,\cancel{K}} = 0.5116\ldots \text{ atm}$$

Los puntos suspensivos indican que los decimales prosiguen (más adelante veremos hasta cuantos decimales es conveniente utilizar). Si hubiéramos hecho un despeje erróneo de nuestra ecuación y resultara en la siguiente sustitución:

$$P_2 = \frac{T_2 \times T_1}{P_1} = \frac{300\text{K} \times 293.15\text{ K}}{0.5\text{ atm}} = 175\,890\,\frac{K^2}{\text{atm}} \quad \times$$

Resulta claro que la presión no puede medirse en K²/atm; por lo que, utilizando el análisis dimensional, podemos "calificarnos" a nosotros mismos nuestros despejes en las ecuaciones y prevenir un resultado erróneo en caso de fallar.

De igual manera en nuestro despeje de volumen en la ecuación general del gas ideal, de acuerdo a los siguientes datos:

P = 0.500 atm   T = 293.15 K   n = 0.450 mol   R = 0.08206 L·atm/mol·K

$$V = \frac{nRT}{P} \therefore \frac{(0.45\text{ mol})(0.08206\,\frac{L\cdot atm}{mol\cdot K})(293.15\text{ K})}{0.5\text{ atm}}$$

Al realizar las multiplicaciones en el numerador:

$$V = \frac{(0.45\,\cancel{mol})(0.08206\,\frac{L\cdot atm}{\cancel{mol\cdot K}})(293.15\,\cancel{K})}{0.5\text{ atm}} = \frac{10.82515\text{ L}\cdot\text{atm}}{0.5\text{ atm}}$$

Al realizar la división:

$$V = \frac{10.82515\text{ L}\cdot\cancel{atm}}{0.5\,\cancel{atm}} = 21.6503001\text{ L}$$

Al ver que el resultado está expresado en L confirmamos que nuestro despeje fue el correcto respecto a la incógnita V y solo podríamos estar equivocados al tener algún error con la calculadora.

Sistemas de ecuaciones lineales

En ciertas ocasiones, al realizar el planteamiento de un problema, tenemos que lidiar simultáneamente con dos incógnitas. Por ejemplo, la siguiente ecuación expresa que la suma de dos volúmenes (volumen de una sustancia X representado como "x" y volumen de una sustancia Y representado como "y") es de 2 L:

$$x + y = 2$$

Si "x" valiera 1 L, en automático sabríamos que "y" tendría el mismo valor, puesto que $1 + 1 = 2$, pero "x" puede valer 0.1 L, 0.5 L, 0.99 L, no lo sabemos y en cada uno de esos escenarios "y" cambiará de valor. Entonces, ¿cómo saber el valor de una incógnita si no conocemos el valor de la otra? Necesitamos establecer una relación entre las mismas incógnitas que nos permita establecer otra ecuación. Si a través de los datos del problema en cuestión, nosotros deducimos que el volumen "x" multiplicado por 6.3 (tal vez la concentración) sumado al volumen "y" multiplicado por 0.98 (de igual manera, tal vez sea la concentración) resulta en 9.2, dicha relación quedaría expresada como:

$$6.3x + 0.98y = 9.2$$

Y ahora poseemos lo que se conoce como un sistema de ecuaciones lineales 2×2, el cual se denota de la siguiente manera:

$$\begin{cases} x + y = 2 \\ 6.3x + 0.98y = 9.2 \end{cases}$$

Por supuesto, no basta con establecer cualquier relación entre los datos y definirla arbitrariamente en términos de "x" y "y", sino que deben de estar expresados en las mismas unidades y representar la misma cosa de acuerdo al planteamiento del problema o a nuestro razonamiento, de lo contrario el sistema no funciona. En nuestro ejemplo, tanto "x" como "y" en ambas ecuaciones son volúmenes expresados en litros de una sustancia X y Y, respectivamente.

Una vez confirmado este requisito procedemos a la resolución del sistema. Hay diversos métodos por los cuales podemos acceder a la solución, sin embargo, el más sencillo y fácil de aplicar en los sistemas que se nos puedan presentar en química analítica es el método de sustitución.

Este método implica, en primera instancia, el despeje de alguna incógnita (cualquiera de las dos) en alguna ecuación (cualquiera de las dos) y establecer dicho despeje como un valor "momentáneo" con el cual podemos sustituir dicha incógnita en la otra ecuación, para así, de una manera indirecta, poder obtener una ecuación con solo una incógnita que pueda ser resuelta bajo los lineamientos comunes del álgebra.

En nuestro caso, si decidimos despejar x en la ecuación 1 tenemos:

$$x + y = 2 \therefore$$
$$x = 2 - y$$

Al considerar 2 - y como un valor provisional de la incógnita "x", podemos escribir dicha expresión en vez de "x" en la ecuación 2:

$$6.3x + 0.98y = 9.2 \therefore$$
$$6.3(2 - y) + 0.98y = 9.2$$

Al realizar las operaciones pertinentes (multiplicaciones) con el fin de quitar el paréntesis:

$$12.6 - 6.3y + 0.98y = 9.2$$

Y al reducir términos semejantes, sumando los números sin incógnita:

$$12.6 - 5.32y = 9.2 \therefore$$
$$12.6 - 9.2 = 5.32y \therefore$$
$$3.4 = 5.32y$$

Con lo que nos queda una expresión del "tipo" 10 = 2x

$$10 = 2x \therefore x = \frac{10}{2}; \quad 3.4 = 5.32y \therefore y = \frac{3.4}{5.32} = 0.639097744 \text{ L}$$

Ahora que ya sabemos el valor de "y", podemos despejar "x" en cualquier ecuación (preferentemente la que sea más sencilla) y así tener resuelto el sistema. Respecto a la ecuación 1:

$$x + y = 2 \therefore$$
$$x = 2 - y = 2 - 0.639097744 = 1.360902256 \text{ L}$$

De igual manera, nosotros mismos podemos validar o "calificar" nuestros resultados, al realizar la comprobación matemática:

$$\begin{cases} x + y = 2 \\ 6.3x + 0.98y = 9.2 \end{cases}$$

Dado que $x = 1.360902256$ L y $y = 0.639097744$ L, en 1:

$$x + y = 2 \therefore 1.360902256 + 0.639097744 = 2 \therefore 2 = 2$$

Y en 2:

$$6.3x + 0.98y = 9.2 \therefore (6.3 \times 1.360902256) + (0.98 \times 0.639097744) = 9.2 \therefore$$

$$8.573684213 + 0.626315789 = 9.2 \therefore 9.2 = 9.2$$

Por lo que ahora estamos completamente seguros de que nuestras respuestas son correctas.

Notación científica

En todas las ciencias, es común manejar números extremadamente pequeños y extremadamente grandes en comparación con la unidad.

Si nos ponemos a pensar en el número de átomos presentes en 1 g de oro, o en el radio atómico del sodio, es completamente incomprensible el número que resulta, dado que las cantidades a las cuales estamos acostumbrados con nuestros sentidos son muchísimo menores o mayores, respectivamente. En cuanto a nuestro primer ejemplo, el número es aproximadamente 10 304 000 000 000 000 000 000 átomos de oro en 1 g de dicho metal, cifra que nunca veremos en la vida cotidiana. Referente al radio atómico del sodio, éste es 0.000000000186 metros (1 milímetro equivale a 0.001 metros).

Por cuestiones de practicidad en el manejo de las cantidades y a fin de evitar errores de transcripción, surgen la notación científica y los prefijos numerales.

La notación científica consiste en expresar números muy grandes o muy pequeños en función de potencias de 10. Por ejemplo, el número 1 000 como potencia de 10 sería 1.0×10^3, ya que hay que mover 3 lugares después del punto decimal para obtener el número original. La velocidad de la luz, que es aproximadamente 299 790 000 m/s se expresaría como 2.9979×10^8 m/s, ya que hay 8 lugares después del punto decimal en el número original; y por último, nuestro ejemplo de los átomos de oro, se podría expresar como 1.0304×10^{22}, ya que hay 22 lugares después del punto decimal en nuestro número original:

$$10304000000000000000000 = 1.0304 \times 10^{22}$$

De igual manera, el radio iónico del sodio se puede representar como 1.86×10^{-10}, lo cual significa que si dividimos 1.86 diez veces entre 10, obtendremos la cifra en notación decimal. Nótese el signo negativo en el exponente del número 10, ya que es un número menor a la unidad. El número al cual se eleva la base 10 es −10 porque éste es el número de posiciones que debe de moverse el punto decimal hacia la derecha desde el número original al número en notación científica, para expresarse como un número con un dígito en la posición de las unidades:

$$0.00000000186 = 1.86 \times 10^{-10}$$

Paralelamente a esta forma de expresar cantidades, tenemos los prefijos, que son figuras gramaticales que denotan múltiplos y submúltiplos de la unidad. En la tabla 1.1 se muestran los prefijos de uso más común en química y sus equivalencias:

1. Herramientas matemáticas

Tabla 1.1 Prefijos equivalentes a potencias de 10 para la representación de múltiplos y submúltiplos de unidades de medida.

Prefijo	Símbolo	Equivalencia en notación normal	Equivalencia en notación científica
kilo	k	1000	1×10^{3}
centi	c	0.01	1×10^{-2}
mili	m	0.001	1×10^{-3}
micro	µ	0.000 001	1×10^{-6}
nano	n	0.000 000 001	1×10^{-9}
pico	p	0.000000000001	1×10^{-12}

Cifras significativas

Son denominadas así aquellos dígitos de una medición de las que tenemos un cierto nivel de certeza; aun cuando sabemos que toda medición es imperfecta, debido a la incertidumbre de medida que siempre está presente en mayor o menor proporción, según el método que se utilice.

Por ejemplo, si en cierto cálculo determinamos que necesitamos pesar 2.102034561 g de un compuesto para preparar una solución determinada, pero nuestra balanza analítica realiza pesadas con hasta 4 cifras decimales, entonces podríamos pesar 2.1020 g, pero no estaremos seguros de que sea exactamente igual a lo determinado en el cálculo, pues no podremos "ver" los decimales que siguen, aparte de la incertidumbre propia de nuestra balanza. En este caso, decimos que determinamos la masa del compuesto con 5 cifras significativas, el número entero y los 4 decimales.

En la situación anterior, el 0 a la derecha se consideró como significativo, pero cuando este dígito está para indicar la posición del punto decimal, no se considera como tal. Por ejemplo, en la expresión 0.0012 g, los dos ceros que prosiguen al punto decimal, no se consideran como significativos, por lo que tenemos solo 2 cifras significativas en lugar de 4 como podríamos pensar en un inicio. Por supuesto que, para facilitar su manejo, podemos expresar el número con notación científica y se conservarían las dos cifras significativas: 1.2×10^{-3}. En la siguiente lista se muestran más ejemplos de cantidades, con sus respectivos números de cifras significativas:

Cantidad	Número de cifras significativas
10.23014	7
0.0001	1
0.00010	2
5.00	3
1000	4, pero pueden ser 3 (1.00×10^3), 2 (1.0×10^3) o 1 (1×10^3), dependiendo de cómo se exprese

En química, en cuanto al número de cifras significativas, se tiene la concepción de que el resultado final debe de expresarse con las cifras significativas con las que están expresados los datos originales en el problema. En caso de que estos varíen, **el resultado se expresará con el mismo número de cifras significativas que tenga el dato original resultado de una medición con menor número de estas.** Sin embargo, si durante los cálculos tenemos que cortar la secuencia de operaciones en cierto punto, se deberán de utilizar números con más cifras significativas que las deseadas para el resultado final (la mayor cantidad de decimales posibles), esto para evitar perder exactitud en el resultado por efectos de redondeo. Para tal objetivo, se recomienda utilizar todos los decimales en la calculadora, antes de llegar al resultado final.

Veamos como ejemplo la situación abordada en el despeje de ecuaciones con la ley de Charles:

Datos:

$P_1 = 0.500$ atm $\qquad T_1 = 293.15$ K $\qquad T_2 = 300$ K $\qquad P_2 = ¿?$

$$P_2 = \frac{300 \text{ K} \times 0.5 \text{ atm}}{293.15 \text{ K}} = 0.51168343\ldots \text{ atm}$$

Nuestro resultado queda con una serie que pareciera interminable de decimales después del punto. ¿Hasta dónde es válido "cortar" dicho resultado para no manejar tantos decimales? Ahora sabemos que lo correcto sería expresar el resultado conforme al número de cifras significativas de los datos originales medidos:

Magnitud	Valor	Cifras significativas
P_1	0.500 atm	3
T_1	293.15 K	5
T_2	300 K	3

El menor número de cifras significativas en nuestros datos originales es 3, por lo que debemos reducir nuestro resultado a esas cifras, aplicando el redondeo a tres cifras significativas:

$$0.51168343\ldots \text{ atm} = 0.512 \text{ atm}$$

Sin embargo, si en un inicio no buscamos la presión final del gas, sino que ésta es solo un intermediario para conocer otro parámetro, no debemos de redondear ni de cortar el resultado, sino ocupar todos los decimales posibles, ya que **esto solo se realiza con el resultado final.**

A lo largo del presente texto se aplican tales lineamientos por lo que, tanto en los problemas resueltos, como en los complementarios, las respuestas estarán expresadas con cifras significativas acordes a los datos originales obtenidos de mediciones en el contexto del problema, lo cual deberá de tomarse en cuenta al momento de comparar sus respuestas con las correctas. Excepciones a dichas recomendaciones son los cálculos de pH, para los cuales siempre se procura expresarlo con 2 decimales (independientemente del número real de cifras significativas en el resultado y en los datos originales). Por último, aclarar que los datos que no fueron "medidos" por el analista, como pueden ser la constante de los gases, o equivalencias como la de 1 mol de gas = 22.4 L; no se toman en cuenta en la determinación de cifras significativas, ya que se consideran que son infinitas.

Logaritmos

Al aplicar ciertas fórmulas, como las que nos permiten conocer el pH de una solución, necesitaremos calcular el logaritmo de algunos números y aunque obviamente éstos se realizan a través de la calculadora, necesitamos comprender lo que significa esta operación.

Un logaritmo es una operación aritmética, como la multiplicación o la potenciación, cuyo objetivo es conocer un número con el cual, al elevar una base especificada, se obtenga el número en cuestión. Las bases más comunes de los logaritmos son la base 10 (logaritmo común o log) y el número e (logaritmo natural o ln).

Cuando decimos que deseamos saber el logaritmo base 10 de 0.02, estamos diciendo que queremos saber a qué número debemos de elevar el número 10 para que nos resulte 0.02:

$$\log 0.02 = x \therefore 10^x = 0.02$$

Utilizando la calculadora obtenemos que el resultado es −1.69897, por lo que se entiende que al elevar 10 a la −1.69897 potencia obtendremos 0.02:

$$10^{-1.69897} = 0.02$$

Por lo que concluimos que la operación inversa del logaritmo es elevar 10 a dicho número:

$$\log a = x \therefore 10^x = a$$

Por lo tanto, si en alguna ecuación tenemos una incógnita dentro de un logaritmo, se puede despejar de tal manera, como observamos en el siguiente ejemplo:

$$0.5 = 0.87 - 0.0296 \log x \therefore$$
$$0.5 - 0.87 = -0.0296 \log x \therefore -0.37 = -0.0296 \log x \therefore 0.37 = 0.0296 \log x \therefore$$
$$\log x = \frac{0.37}{0.0296} \therefore$$

1. Herramientas matemáticas

$$x = 10^{\frac{0.37}{0.0296}} = 10^{12.5} = 3.1623 \times 10^{12}$$

Realizando la comprobación:

$$0.5 = 0.87 - 0.0296 \log 3.1623 \times 10^{12} \therefore$$
$$0.5 = 0.87 - 0.0296 \times 12.5$$
$$0.5 = 0.87 - 0.37$$
$$0.5 = 0.5$$

Reglas de tres y factor unitario

Sorprendentemente, aun siendo una herramienta tan básica, las reglas de tres simple muestran una enorme utilidad en la resolución de problemas de química. Recuerde que una regla de tres simple consiste en dos relaciones entre dos magnitudes que se espera, se comporten de una manera directamente proporcional a través de una equivalencia.

Supóngase que deseamos convertir metros a centímetros. Entonces, basados en que 1 m equivale siempre a 100 cm (equivalencia), para saber cuántos centímetros están contenidos en 5 metros planteamos la regla como sigue:

1 m ----- 100 cm

5 m ----- x cm

Lo anterior cuidando de colocar las mismas unidades en los mismos lados, con lo cual, para "despejar" la incógnita tenemos que multiplicar en forma diagonal y el resultado, dividirlo entre el dato que quedó fuera de dicha diagonal:

1 m ----- (100 cm)

(5 m) ----- x cm

$$x \text{ cm} = \frac{(5 \text{ m})(100 \text{ cm})}{1 \text{ m}} = 500 \text{ cm}$$

Validamos entonces que el resultado es dimensionalmente correcto, al quedar expresado en cm. Sin embargo, hay una forma más práctica de expresar las reglas de 3, sobre todo al momento de tener una serie grande de relaciones como en los problemas estequiométricos, llamada factor unitario. Consiste simplemente en una regla de 3 expresada a manera de cocientes, como sigue:

$$x\ cm = 5\ m \left(\frac{100\ cm}{1\ m}\right)$$

Como puede observarse, el factor de conversión o equivalencia entre m y cm se expresa como un cociente, con la unidad de los datos originales en el denominador y la unidad deseada en el numerador. Para resolver un factor unitario se multiplican todos los numeradores y el resultado se divide entre todos los denominadores (considerando que los números enteros tienen denominador 1), con el consecuente análisis dimensional para ir eliminando unidades iguales que queden tanto en el numerador, como en el denominador:

$$x\ cm = 5\ \cancel{m} \left(\frac{100\ cm}{1\ \cancel{m}}\right) = \frac{5 \times 100}{1} = 500\ cm$$

Una de las ventajas de esta forma, es que podemos manejar expresiones al cuadrado o al cubo. Por ejemplo, si queremos saber cuántos mm^3 equivalen a 15 mL, conociendo que 1 mL = 1 cm^3 y que 1 cm = 10 mm:

$$x\ mm^3 = 15\ \cancel{mL} \left(\frac{1\ \cancel{cm^3}}{1\ \cancel{mL}}\right)\left(\frac{10\ mm}{1\ \cancel{cm}}\right)^3 = \frac{15 \times 10^3}{1 \times 1^3} = 15\ 000\ mm^3$$

De igual manera podemos concatenar equivalencias para obtener en una sola expresión el cálculo, en lugar de muchas reglas de tres simple. Supóngase que necesitamos pintar una pared y el galón de pintura tiene un costo de 10 USD. El área que vamos a pintar mide 180 m^2 y un galón alcanza, según el fabricante, para pintar 13 m^2 por litro, por lo que deseamos saber el costo correspondiente a la pintura utilizada en dicha obra en pesos mexicanos, considerando un tipo de cambio dólar – peso de 20.50. Escribimos:

$$x\ MXN = 180\ \cancel{m^2}\left(\frac{1\ \cancel{L}}{13\ \cancel{m^2}}\right)\left(\frac{1\ \cancel{gal}}{4.5461\ \cancel{L}}\right)\left(\frac{10\ \cancel{USD}}{1\ \cancel{gal}}\right)\left(\frac{20.5\ MXN}{1\ \cancel{USD}}\right) = \frac{180 \times 10 \times 20.5}{13 \times 4.5461} =$$

624.37 MXN

Por supuesto que los ejemplos anteriores podrían parecer burdos, pero son ilustrativos, ya que los mismos principios se pueden aplicar en la resolución de problemas complejos del área.

1. Herramientas matemáticas

Capítulo 2. Química general

Escritura de fórmulas químicas

Siendo el lenguaje de los químicos los símbolos y fórmulas químicas, resulta imprescindible el perfecto conocimiento de la nomenclatura y la correcta escritura de las fórmulas de los compuestos en dicho lenguaje, o al menos, de los que se utilizan de una manera más común en el laboratorio; así como también, algunos nombre comunes que por tradición aún son más reconocidos que los nombres químicos correctos (por ejemplo, la denominación "agua oxigenada" para referirse al peróxido de hidrógeno H_2O_2).

Muchas veces, en la redacción de los problemas o las técnicas analíticas, los compuestos suelen mencionarse con el nombre completo y no por su fórmula, o viceversa, y el químico está obligado a poder traducir en ambas direcciones. Resulta frustrante el poder realizar el planteamiento químico y matemático de manera acertada en un problema específico, pero que obtengamos un resultado incorrecto debido a la mala escritura de la fórmula de un compuesto.

Dado que una revisión de las diversos tipos y reglas de nomenclatura de compuestos inorgánicos resultaría muy amplia y ese no es el propósito de la obra, en el anexo 1 se muestran los cationes y aniones más comunes en el área de química analítica, para que el lector evite los errores relacionados a la escritura de fórmulas y vaya familiarizándose poco a poco con ellas, hasta llegar al grado de conocerlas en automático. Solo a manera de recordatorio, veremos las reglas generales de formación de compuestos para utilizar el anexo 1:

- Todo compuesto es eléctricamente neutro, es decir, posee el mismo número de cargas positivas y negativas.
- En las fórmulas químicas, la partícula que se anota en primer lugar es la de carga positiva (catión) seguida de la de carga negativa (anión).
- Cuando los iones que se unen tienen diferente carga, éstas se intercambian y se anotan como subíndice. En caso de que alguno de los iones esté conformado por más de un elemento, se encerrará en un paréntesis.

- Cuando los iones que se unen tienen la misma carga, no es necesario indicarlas con subíndices ni tampoco encerrar los iones conformados por más de un elemento en un paréntesis.

Entonces, si nos piden escribir la fórmula del tiosulfato de sodio, localizándolos en dicha tabla, tenemos que el sodio está presente como catión monovalente (Na$^+$) y que el tiosulfato es un oxianión divalente ($S_2O_3^{2-}$). El catión siempre se escribe primero, seguido del anión:

$$Na^+S_2O_3^{2-}$$

Si observamos detenidamente, al tener un ión de cada uno, la molécula resultante tendría una carga total de 1−, ya que (1+) + (2−) = 1−, por lo tanto, para que la molécula sea neutra, debemos entrecruzar las cargas de cada ión para que queden en forma de subíndices:

$$Na_2S_2O_3$$

Con lo cual obtenemos una molécula eléctricamente neutra, ya que (2×1+) + (1×2−) = 0. Obsérvese que no fue necesario encerrar el anión tiosulfato en paréntesis, dado que quedó con subíndice 1, así como tampoco es necesario anotar éste, ya que, si no está presente, se sobreentiende que adopta tal valor.

Electronegatividad y números de oxidación

Existen muchas relaciones periódicas entre los elementos, es decir, propiedades que siguen un patrón determinado de acuerdo a la disposición en la tabla periódica. Solo se tratarán a manera de recordatorio aquellas que juegan un papel importante para los temas tratados en la presente obra.

La electronegatividad en una medida relativa de la afinidad que tiene un elemento para atraer electrones hacia él en un enlace químico. **Dentro de un periodo,**

ésta aumenta de izquierda a derecha y dentro de un grupo, de abajo hacia arriba; resultando el flúor como el elemento más electronegativo y el francio como el teóricamente menos electronegativo. Se han establecido valores de electronegatividades relativas basadas en la escala de Pauling, los cuales están presentes en cualquier tabla periódica, con el fin de asignar el carácter iónico o molecular de un compuesto, o bien, auxiliar en la asignación de números de oxidación a los elementos que conforman un compuesto.

El **número de oxidación** hace referencia a la carga que tiene o tendría un átomo, ya sea que forme parte de un compuesto o un ión, o que se encuentre sin enlazar. Existen elementos que tienen un número de oxidación por defecto, el cual está relacionado al grupo de la tabla periódica al cual pertenecen. Los metales alcalinos (grupo 1A) siempre van a presentar el número 1+, independientemente del tipo de compuesto que estén formando. Los metales alcalinotérreos (grupo 2A) siempre los encontraremos con número 2+. Pasando a los no metales, el grupo de los halógenos (grupo 7A) cuando forman aniones siempre utilizarán el número 1−. De ahí en fuera, los elementos que quedan utilizaran más comúnmente, pero no exclusivamente, el número de oxidación que indica el grupo al cual pertenezca. Por ejemplo, los elementos del grupo 4 A (como el C o el Sn) preferentemente los encontraremos con el número 4+, pero esto no significa que los podamos encontrar con otros números de oxidación (como 2+) y así consecutivamente.

Están definidas reglas de oxidación adicionales a la posición que ocupan los elementos en la tabla periódica para la determinación de los números de oxidación:

- Dentro de una molécula o fórmula (exceptuando los iones), la suma de los números de oxidación deberá resultar 0.
- Cualquier elemento en su estado fundamental (como es el caso del N_2, O_2, o el $Al_{(s)}$) se encuentra con un número de oxidación de 0.
- Dentro de un ión monoatómico o poli-atómico, la suma de los números de oxidación deberá ser igual a la carga del ión.
- En un compuesto binario, el elemento que se encuentra a la izquierda será considerado como positivo (el menos electronegativo) y el de la derecha

negativo (ya que es el más electronegativo). Un caso especial es el de los compuestos amoniaco (NH_3) y fosfano (PH_3) en donde el hidrógeno muestra una carga 1+ aun figurando del lado derecho del compuesto.

- El oxígeno siempre se encuentra con un número de 2−, excepto cuando forma peróxidos (en cuyo caso presenta el número 1−) o superóxidos ($\frac{1}{2}-$).
- El hidrógeno siempre se encuentra con un número de 1+, a excepción de cuando forma hidruros, en donde figura del lado derecho de la fórmula, en cuyo caso presenta un número 1− como en el hidruro de litio: LiH.
- Para asignar el número de oxidación de una especie que no esté considerada en las reglas anteriores, debe determinarse los números de los elementos conocidos y asignar la diferencia al elemento del cual se desconoce.
- En compuestos orgánicos no es fácil determinar los números de oxidación de cada elemento, por lo que se sugiere realizar estructuras de Lewis para tal fin.

Determinar el número de oxidación del molibdeno en el heptamolibdato: $(Mo_7O_{24})^{6-}$

Observamos en primera instancia que es un oxianión, es decir, la suma de los estados de oxidación individuales, multiplicados por sus subíndices, debe de resultar 6−. En segundo lugar, tenemos que está presente el oxígeno, el cual, al no estar formando un peróxido o un superóxido, se asume que trabaja con número de oxidación 2−, entonces podemos plantear la situación como sigue:

$$\left(\overset{x}{Mo_7} \overset{2-}{O_{24}} \right)^{6-} \therefore$$

$$7x + 24(2-) = 6- \therefore 7x - 48 = 6- \therefore x = \frac{(6-)+48}{7} = \frac{42}{7} = 6$$

Por lo que se concluye que, en ese oxianión, el molibdeno trabaja con un número de oxidación de 6+.

El mol y la masa molar

La unidad del Sistema Internacional para la cantidad de sustancia es el **mol** y está definido por el **número de Avogadro** (6.022×10^{23}), lo cual quiere decir que 1 mol de lo que sea contendrá 6.022×10^{23} unidades individuales. Lo anterior es similar a la forma en como conceptualizamos una docena, pues si decimos "una docena de huevos", la unidad es docena, pero en realidad tenemos 12 huevos o unidades individuales. Así pues, cuando nos referimos a 1 mol de Fe, hacemos referencia a que tenemos 6.022×10^{23} átomos de Fe, 1 mol de benceno indica que hay 6.022×10^{23} moléculas de benceno presentes, 1 mol de NaCl indica que tenemos 6.022×10^{23} pares iónicos (o unidades – fórmula) Na^+ y Cl^- (dado que es un compuesto iónico y no forma moléculas propiamente dichas) y así sucesivamente para cualquier tipo de sustancia o partícula sub-atómica.

Como con cualquier unidad de medida, se pueden aplicar los prefijos para nombrar múltiplos y submúltiplos de esta unidad. El submúltiplo más común es el milimol (mmol) que representa una milésima parte de mol (1000 mmol = 1 mol) cuando se trabaja con cantidades pequeñas.

Por supuesto que, para fines prácticos, a veces es más útil expresar esto en unidades de masa (g o kg) en vez de cantidad de sustancia (mol), para lo cual debemos establecer un nexo entre esas dos magnitudes, lo cual se obtiene a través de la masa molar del elemento o compuesto en cuestión.

La **masa molar** es la masa en gramos que ocupa un mol de sustancia (se expresa como g/mol, aunque si estamos manejando cantidades pequeñas, podemos expresarla como mg/mmol y es exactamente el mismo valor). Si es un elemento, basta con buscar en la tabla periódica para acceder al dato, pero si es un compuesto, será necesario realizar la sumatoria de todos los átomos de los elementos que lo conforman de acuerdo a su fórmula y multiplicar dicha suma por la masa molar individual de cada elemento. Cabe aclarar que la IUPAC recomienda expresar las masas molares de compuestos y elementos con **cuatro cifras significativas** en todos los casos, por lo que a lo largo de todos los capítulos se hará de tal manera.

Se revisarán dos ejemplos de este procedimiento y en el anexo 2 se muestra una recopilación de masas molares de elementos y compuestos representativos, proporcionados con el fin de agilizar cálculos futuros, no para demeritar la importancia que tiene saber el cómo calcularlas.

- Fosfato de sodio: $Ca_3(PO_4)_2$ Elementos que lo conforman: Ca/ P/ O

Elemento	Número de átomos por molécula o fórmula	Masa molar individual	Número de átomos × masa molar	
Ca	3	40.08 g/mol	3 × 40.08 =	120.24
P	1 × 2 = 2	30.97 g/mol	2 × 30.97 =	61.94
O	4 × 2 = 8	16.00 g/mol	8 × 16.00 =	128.0
			Sumatoria	310.18 g/mol

- Nitroglicerina: $C_3H_5(NO_3)_3$ Elementos que lo conforman: C/ H/ N/ O

Elemento	Número de átomos por molécula o fórmula	Masa molar individual	Número de átomos × masa molar	
C	3	12.01 g/mol	3 × 12.01 =	36.03 g/mol
H	5	1.008 g/mol	5 × 1.008 =	5.040 g/mol
N	1 × 3 = 3	14.01 g/mol	3 × 14.01 =	42.03 g/mol
O	3 × 3 = 9	16.00 g/mol	9 × 16.00 =	144.0 g/mol
			Sumatoria	227.1 g/mol

La principal fuente de error al calcular las masas molares de los compuestos es el mal manejo de los paréntesis. No olvide multiplicar absolutamente todo lo que queda dentro del paréntesis por el subíndice que lo acompaña.

El equilibrio químico y la ecuación cuadrática

Se considera que una reacción química o fenómeno está en **estado de equilibrio** cuando las velocidades de formación de productos y las de formación de reactivos son exactamente iguales, lo cual se expresa ya sea con una flecha de doble sentido o con una doble flecha en la ecuación química.

Es común que, al hacer determinaciones respecto al equilibrio químico, el equilibrio ácido- base y de solubilidad, el analista se enfrente a situaciones en donde la misma incógnita está elevada al cuadrado y a la vez aparece en otro término sin estar elevada a ninguna potencia. Inclusive, habrá ocasiones en que la incógnita coexista en formas cuarta, cúbica, cuadrada y lineal, aunque en estas situaciones es más recomendable resolverlas mediante algún software o herramienta online de resolución de ecuaciones complejas.

Considérese el siguiente equilibrio, correspondiente a la disociación del ión hidrógeno sulfato o sulfato ácido (HSO_4^-):

$$HSO_{4(ac)}^- + H_2O_{(l)} \leftrightarrow SO_{4(ac)}^{2-} + H_3O_{(ac)}^+ \quad K = 1.3 \times 10^{-2}$$

En donde el término K representa el cociente que resulta de dividir el producto de las concentraciones molares (o presiones parciales en atmósferas, en caso de que sean gases) de los productos (elevados cada uno a la potencia que indique su coeficiente) entre el producto de las concentraciones molares (o presiones parciales) de los reactivos (igualmente elevados a su coeficiente), lo cual se representa matemáticamente como:

$$K = \frac{[SO_4^{2-}][H_3O^+]}{[HSO_4^-]} \therefore 1.3 \times 10^{-2}$$

Dicho número se mantendrá constante, independientemente de las condiciones y concentraciones que puedan tomar sus componentes. Si el sistema en estudio es una reacción química en general, dicha constante se denomina **K$_{eq}$**, si es referente a la disociación de un ácido (como en nuestro ejemplo) se denomina **K$_a$** y cuando se refiere a la disociación de una sal en agua **K$_{ps}$**.

Si tenemos una solución de hidrógeno sulfato (que es el "reactivo") con una concentración de 0.5 M y necesitamos conocer la concentración de H_3O^+ formado (a la cual denominaremos como x), dado que por cada mol de hidrógeno sulfato que se disocia se obtiene 1 mol de sulfato y 1 mol de hidronio de acuerdo a la expresión de equilibrio balanceada, las concentraciones también serán equivalentes y no hará falta elevar a ninguna potencia ninguna concentración.

$$HSO_{4(ac)}^- + H_2O_{(l)} \leftrightarrow SO_{4(ac)}^{2-} + H_3O_{(ac)}^+$$

Concentración al inicio: 0.5 M   0   0

Concentración al final: 0.5−x M   x M   x M

Al sustituir valores en la expresión de equilibrio y tratar de despejar x, obtenemos la siguiente ecuación:

$$K = \frac{[SO_4^{2-}][H_3O^+]}{HSO_4^-} \therefore 1.3 \times 10^{-2} = \frac{[x][x]}{0.5-x} \therefore$$

$$1.3 \times 10^{-2} = \frac{x^2}{0.5-x}$$

Podemos observar que con álgebra simple nos es imposible despejar la incógnita, ya que no se pude reducir x en un solo término, siempre quedarán dos, uno elevado al cuadrado y otro lineal, lo cual conforma una ecuación cuadrática. Existen muchos métodos matemáticos para la resolución de ecuaciones cuadráticas, sin embargo, el más sencillo y que puede ser fácilmente aplicado a éste tipo de situaciones es la resolución por la fórmula general cuadrática, la cual nos dice que, siempre y cuando tengamos expresada la ecuación en una forma **a**x^2 + **b**x + **c** = 0, la solución estará dada por:

$$x = \frac{-b \pm \sqrt{b^2 - 4ac}}{2a}$$

Dado que la ecuación que obtuvimos respecto a nuestra condición de equilibrio, no se presenta de esta forma, vamos a tener que ir reduciendo términos semejantes. Vamos a pasar todo el denominador del término de la derecha a la izquierda, multiplicando todo lo que ya estaba en ese lado:

$$1.3 \times 10^{-2} = \frac{x^2}{(0.5-x)} \therefore (0.5-x)(1.3 \times 10^{-2}) = x^2 \therefore$$

$$6.5 \times 10^{-3} - 1.3 \times 10^{-2}x = x^2 \therefore 0 = x^2 + 1.3 \times 10^{-2}x - 6.5 \times 10^{-3}$$

Con lo cual podemos identificar fácilmente las variables **a**, **b** y **c** y sustituirlas en la fórmula:

$$\mathbf{a} = 1 \qquad \mathbf{b} = 1.3 \times 10^{-2} \qquad \mathbf{c} = -6.5 \times 10^{-3}$$

$$x = \frac{-b \pm \sqrt{b^2 - 4ac}}{2a} = \frac{-1.3 \times 10^{-2} \pm \sqrt{(1.3 \times 10^{-2})^2 - 4(1)(-6.5 \times 10^{-3})}}{2(1)}$$

$$x = \frac{-1.3 \times 10^{-2} \pm \sqrt{1.69 \times 10^{-4} - (-0.026)}}{2} = \frac{-1.3 \times 10^{-2} \pm \sqrt{0.026169}}{2}$$

$$x = \frac{-1.3 \times 10^{-2} \pm 0.161768}{2}$$

A este nivel, como en cualquier ecuación cuadrática, dependiendo de si elegimos sumar o restar los términos del numerador, podremos obtener un resultado positivo o negativo, quedando a juicio del operador qué resultado considerar según su campo de aplicación. En los casos que nosotros vamos a estar manejando siempre involucrarán concentraciones y, puesto que no existen concentraciones con valores negativos, siempre adoptaremos el resultado con signo positivo:

$$x_1 = 7.4384 \times 10^{-2}; \; x_2 = -8.7384 \times 10^{-2}$$

Podemos corroborar nuestro resultado al considerarlo como la concentración de iones hidronio (y de sulfato) de acuerdo a la constante de equilibrio:

$$1.3 \times 10^{-2} = \frac{[SO_4^{2-}][H_3O^+]}{HSO_4^-} \therefore 1.3 \times 10^{-2} = \frac{[7.4384 \times 10^{-2}][7.4384 \times 10^{-2}]}{0.5 - 7.4384 \times 10^{-2}} \therefore$$

$$1.3 \times 10^{-2} = \frac{5.532979 \times 10^{-3}}{0.425652} \therefore 1.3 \times 10^{-2} \approx 1.29988 \times 10^{-2}$$

Que, al expresarlo con dos cifras significativas, obtenemos exactamente el mismo valor, con lo cual queda validado nuestro resultado.

2. Química general

Capítulo 3. Balanceo de ecuaciones químicas

El paso cero en todo problema de química es plantear la ecuación balanceada del proceso o serie de procesos que se describen. Resulta ser común el hecho de que aunque hagamos el planteamiento y los cálculos de manera acertada, si nos basamos en una reacción mal balanceada o sin balancear nuestro resultado sea erróneo.

A manera de recordatorio, una ecuación química establece los cambios ocurridos durante una reacción química, en la que los reactivos (escritos del lado izquierdo) forman productos (escritos del lado derecho), representando dicho cambio una flecha que apunta hacia la derecha:

$$\text{Reactivos} \rightarrow \text{Productos}$$

Los métodos de balanceo están basados en el principio de la conservación de la materia, que nos indica que durante una reacción química la materia contenida en los reactivos será igual a la que forme los productos, ya que no se puede crear materia de la nada, ni tampoco puede desaparecer. En otras palabras, la cantidad de átomos de cada uno de los elementos participantes debe de ser igual en ambos lados de la ecuación.

Éste es un ejemplo de una reacción no balanceada, ya que el número de átomos, tanto de Al como de S, son diferentes en ambos lados de la ecuación:

$$Al + S_8 \rightarrow Al_2S_3$$

El objetivo del balanceo de ecuaciones es obtener **coeficientes** que permitan llegar a la igualdad de átomos en ambos lados de la ecuación, siendo importante recalcar la diferencia entre coeficiente y **subíndice**. Los subíndices son aquellos números escritos en la parte inferior derecha, que indican la cantidad de átomos presentes de cada elemento dentro de una molécula o unidad - fórmula y que forman parte integral de la fórmula del compuesto en cuestión. En nuestro caso, el Al tiene subíndice 1 (no se escribe) y el S un subíndice de 8; en el sulfuro de aluminio, el Al presenta un subíndice de 2 y el S de 3:

$$Al + S_{\circled{8}} \rightarrow Al_{\circled{2}}S_{\circled{3}}$$

Estos números, al formar parte de la escritura del elemento o compuesto **no pueden ser modificados bajo ningún esquema de balanceo**, es decir, nosotros no podemos cambiar la estructura del compuesto o elemento en cuestión a fin de lograr la igualdad de átomos, ya que si lo hiciéramos, estaríamos cambiando la identidad de los compuestos participantes. Lo que debemos de modificar son los coeficientes, que son los números que aparecen a la izquierda de los elementos y compuestos. En nuestro ejemplo, al no estar balanceada la ecuación y, por consiguiente, no tener coeficientes escritos, toman el valor de 1 (al igual que un subíndice 1 no se escribe).

Ignorando por el momento el procedimiento por el cual se llegó al resultado, observando la ecuación ya balanceada, observamos que ahora ya posee coeficientes y que los subíndices no fueron modificados:

$$\boxed{16}Al + \boxed{3}S_8 \rightarrow \boxed{8}Al_2S_3$$

Así, al tener estos coeficientes y multiplicarlos por el número de átomos indicados por los subíndices, logramos que todos los átomos estén en igualdad: 16 de aluminio y 24 de azufre en ambos lados de la ecuación (no se perdió ni se creó ni un átomo). Una vez aclarados estos puntos revisemos cuáles son los métodos que nos ayudan a obtener nuestras ecuaciones balanceadas, ya que el primer paso para balancear una ecuación es discernir qué método utilizar para tal fin.

Existen diversos métodos de balanceo de ecuaciones, siendo cada uno de ellos recomendado para ciertas situaciones en particular, como se describe a continuación:

- Tanteo. El método de elección para reacciones sencillas por su simplicidad. Consiste en irse aproximando al estado equitativo por prueba y error, a juicio del analista.
- Redox. Utilizado en reacciones de óxido – reducción, es decir, aquellas reacciones que involucren cambios en el número de oxidación de los elementos; pudiendo participar ácidos o bases pero como soluciones concentradas.
- Ión – electrón: Utilizado en reacciones de óxido – reducción en donde participan ácidos o bases como soluciones diluidas. Existen las variantes

tanto en medio ácido como en básico y la elección dependerá de los compuestos que participan en la reacción, o bien, de lo que nos indique el problema.

- Algebraico. Método prácticamente confinado al balanceo de reacciones de combustión de compuestos orgánicos complejos, o de aquellas ecuaciones no redox que sean muy difíciles o imposibles de resolver mediante tanteo. Se basa en la expresión de relaciones entre el número de átomos de los elementos a manera de ecuaciones algebraicas y la consecuente resolución matemática de dichas ecuaciones.

Revisaremos en este capítulo los tres primeros métodos.

Balanceo por tanteo.

Es el método más simple, sin embargo, existen muchas ecuaciones que son muy complicadas o imposibles de resolver mediante este método. De entrada, podemos aseverar que, si observamos algún cambio en el número de oxidación de al menos un par de elementos que participan en la reacción, o si es una combustión de un compuesto orgánico complejo (con átomos adicionales a los de C e H) será mejor no intentar este método.

Para llevarlo a cabo, necesitamos realizar los siguientes pasos:

1. Debajo de la ecuación sin balancear, realizar una lista, identificando los distintos elementos que participan en la reacción. Dichos elementos **se colocan en el siguiente orden: metales, no metales en orden de electronegatividad y por último el oxígeno y el hidrógeno.** Si existe confusión en desempatar elementos, se opta en colocar primero aquellos que se presenten en menor cantidad de compuestos.
2. Contar el número de átomos del lado de los reactivos y del lado de los productos, de cada uno de los elementos identificados, teniendo mucho cuidado con los paréntesis cuando tenemos oxianiones o iones complejos al realizar dicha cuenta.

3. Balanceo de ecuaciones químicas

3. Ir modificando los coeficientes de cada compuesto por ensayo y error, con el fin de igualar el número de átomos en ambos lados de la ecuación, procurando seguir el orden que acordamos al hacer la tabulación y actualizando el número de átomos cuando se modifique más de un elemento con el mismo coeficiente.

Pongamos en práctica éstos pasos.

Tenemos la siguiente ecuación no balanceada:

$$Na_2CO_3 + H_3PO_4 \rightarrow Na_3PO_4 + H_2O + CO_2$$

Observamos que no tenemos ningún elemento que cambia su número de oxidación, ni tampoco está involucrado algún compuesto orgánico complejo, por lo que la ecuación es candidata a ser balanceada por tanteo.

Identificando todos los elementos que participan, y colocándolos en el orden propuesto:

$$Na_2CO_3 + H_3PO_4 \rightarrow Na_3PO_4 + H_2O + CO_2$$

Na

C

P

O

H

Realizando el conteo del número de átomos presentes en ambos lados de la ecuación:

$$Na_2CO_3 + H_3PO_4 \rightarrow Na_3PO_4 + H_2O + CO_2$$

2 Na 3

1 C 1

1 P 1

7 O 7

3 H 2

Como el sodio es el único metal, debemos de ajustarlo primero, y la única manera de hacer esto es colocando un 3 como coeficiente en el lado de reactivos y

3. Balanceo de ecuaciones químicas

un 2 en el lado de los productos, para así poder tener 6 átomos de ambos lados, ya que es imposible igualarlo en términos de un número más pequeño. Por supuesto, al colocar estos coeficientes, cambia el número de átomos de los otros elementos con los que se encuentran formando los compuestos de los que cambiamos el coeficiente:

$$3Na_2CO_3 + H_3PO_4 \rightarrow 2Na_3PO_4 + H_2O + CO_2$$

6 ~~2~~ Na ~~3~~ 6

3 ~~1~~ C 1

1 P ~~1~~ 2

13 ~~7~~ O ~~7~~ 11

3 H 2

El siguiente elemento en balancear deberá de ser el carbono, por lo que al colocar un 3 como coeficiente en el CO_2 logramos esto, pero tenemos que actualizar ahora la cantidad de átomos de oxígeno en los productos:

$$3Na_2CO_3 + H_3PO_4 \rightarrow 2Na_3PO_4 + H_2O + 3CO_2$$

6 ~~2~~ Na ~~3~~ 6

3 ~~1~~ C ~~1~~ 3

1 P ~~1~~ 2

13 ~~7~~ O ~~7~~ ~~11~~ 15

3 H 2

Al balancear los fósforos modificando el coeficiente del ácido fosfórico:

$$3Na_2CO_3 + 2H_3PO_4 \rightarrow 2Na_3PO_4 + H_2O + 3CO_2$$

6 ~~2~~ Na ~~3~~ 6

3 ~~1~~ C ~~1~~ 3

2 ~~1~~ P ~~1~~ 2

17 ~~13~~ ~~7~~ O ~~7~~ ~~11~~ 15

6 ~~3~~ H 2

Es turno de balancear los oxígenos, y como se pueden dar cuenta, tenemos dos opciones para llevar esto a cabo, es decir, dos compuestos que contienen oxígeno del lado de los productos: H_2O y CO_2. Cuando esto sucede, debemos elegir

3. Balanceo de ecuaciones químicas

aquel compuesto que al modificar su coeficiente estequiométrico tenga menor impacto en el balanceo de los demás elementos. En nuestro caso, esto se cumple con el H₂O, ya que afectaríamos solo al hidrógeno, el cual aún no hemos balanceado; caso contrario si decidiéramos cambiar el coeficiente estequiométrico del CO_2, estaríamos desbalanceando nuevamente al carbono.

$$3Na_2CO_3 + 2H_3PO_4 \rightarrow 2Na_3PO_4 + 3H_2O + 3CO_2$$

6 ~~2~~ Na ~~3~~ 6

3 ~~1~~ C ~~1~~ 3

2 ~~1~~ P ~~1~~ 2

17 ~~13~~ ~~7~~ O ~~7~~ ~~11~~ ~~15~~ 17

6 ~~3~~ H ~~2~~ 6

Y como podemos observar, esta decisión fue la acertada, ya que al ajustar los oxígenos, en automático se ajustaron ahora los hidrógenos, con lo cual hemos terminado de balancear ésta ecuación por tanteo.

> Escriba la ecuación balanceada para la reacción de combustión del butano.

El compuesto en cuestión es un hidrocarburo no complejo (solo tiene C e H), por lo cual puede ser balanceada por tanteo:

$$C_4H_{10} + O_2 \rightarrow CO_2 + H_2O$$

4 C 1

2 O 3

10 H 2

Balanceando carbonos:

$$C_4H_{10} + O_2 \rightarrow \mathbf{4}CO_2 + H_2O$$

4 C ~~1~~ 4

2 O ~~3~~ 9

10 H 2

La única posibilidad de balancear el número de oxígenos en los reactivos, será colocar un número fraccionario como coeficiente del O_2:

3. Balanceo de ecuaciones químicas

$$C_4H_{10} + \frac{9}{2}O_2 \rightarrow 4CO_2 + H_2O$$

$$4 \quad C \quad \cancel{1} \quad 4$$

$$9 \quad \cancel{2} \quad O \quad \cancel{3} \quad 9$$

$$10 \quad H \quad 2$$

Solo nos resta balancear los hidrógenos en los productos, pero al hacer esto se vuelven a desbalancear los oxígenos:

$$C_4H_{10} + \frac{9}{2}O_2 \rightarrow 4CO_2 + 5H_2O$$

$$4 \quad C \quad \cancel{1} \quad 4$$

$$9 \quad \cancel{2} \quad O \quad \cancel{3} \quad \cancel{9} \quad 13$$

$$10 \quad H \quad \cancel{2} \quad 10$$

Por lo que al volver a ajustar el oxígeno, necesitaremos otro valor fraccionario y obtendremos la ecuación balanceada:

$$C_4H_{10} + \frac{13}{2}O_2 \rightarrow 4CO_2 + 5H_2O$$

$$4 \quad C \quad \cancel{1} \quad 4$$

$$13 \quad \cancel{9} \quad \cancel{2} \quad O \quad \cancel{3} \quad \cancel{9} \quad 13$$

$$10 \quad H \quad \cancel{2} \quad 10$$

Aunque en algunas ocasiones podemos observar coeficientes fraccionarios en las ecuaciones, sobre todo en termodinámica, lo estrictamente correcto es expresar todo como números enteros, por lo que en estos casos es preferible multiplicar toda la ecuación por un número tal que permita la expresión de coeficientes enteros, que siempre es el denominador del coeficiente fraccionario, en nuestro ejemplo, el número 2:

$$\mathbf{2} \times (C_4H_{10} + \frac{13}{2}O_2 \rightarrow 4CO_2 + 5H_2O) = 2C_4H_{10} + 13O_2 \rightarrow 8CO_2 + 10H_2O$$

$$8 \quad \cancel{4} \quad C \quad \cancel{4} \quad 8$$

$$26 \quad \cancel{13} \quad \cancel{9} \quad \cancel{2} \quad O \quad \cancel{3} \quad \cancel{9} \quad \cancel{13} \quad 26$$

$$20 \quad \cancel{10} \quad H \quad \cancel{2} \quad \cancel{10} \quad 20$$

Balanceo por método redox

Una reacción de óxido – reducción o redox, es aquella en donde al menos 2 elementos que participan en ella cambian su número de oxidación, ya sea aumentándolo (oxidación) o disminuyéndolo (reducción), debido a una transferencia de electrones. Aquel elemento que se oxida pierde electrones y el que se reduce los gana; de ahí surge una mnemotecnia muy útil para no confundir los términos (OEPREG: **O**xidar **E**s **P**erder – **R**educir **E**s **G**anar). Al elemento que se oxida se le denomina agente reductor, ya que induce la reducción de otro elemento y al que se reduce se le denomina agente oxidante al promover la oxidación de otro elemento, pues no puede ocurrir un fenómeno sin el otro. Sobra decir que para dominar el presente método es indispensable determinar con exactitud los números de oxidación de los elementos que conforman un compuesto o ión poli-atómico, siguiendo las reglas discutidas en el capítulo 2.

Consideremos la siguiente ecuación:

$$HNO_3 + P_4 + H_2O \rightarrow H_3PO_4 + NO$$

1. Determinamos los números de oxidación de todos los elementos participantes:

$$\overset{1+}{H}\,\overset{5+}{N}\,\overset{2-}{O_3} + \overset{0}{P_4} + \overset{1+}{H_2}\,\overset{2-}{O} \rightarrow \overset{1+}{H_3}\,\overset{5+}{P}\,\overset{2-}{O_4} + \overset{2+}{N}\,\overset{2-}{O}$$

Observamos que todos los elementos conservan los mismos números de oxidación salvo el N y el P. El nitrógeno pasa a ser 5+ a 2+, es decir, disminuyó su número de oxidación en 3 unidades al ganar el mismo número de electrones, por lo tanto, se redujo; y el fósforo pasó de ser 0 a 5+, o lo que es lo mismo, aumentó su número de oxidación en 5 unidades al perder igual número de electrones, por lo tanto, decimos que se oxidó. Puede resultar de utilidad al estudiante, realizar un esquema mental como el siguiente, a manera de escala numérica, para facilitar la identificación y el conteo de electrones ganados o perdidos:

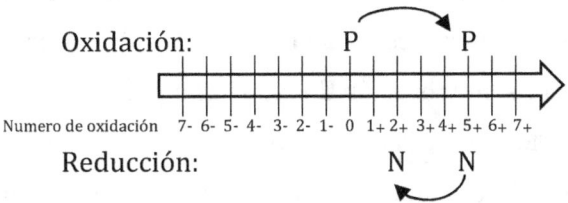

2. Escribir las semirreacciones de oxidación y de reducción:

$$\text{Oxidación: } P_4^0 \rightarrow P^{5+} + 5e^-$$

$$\text{Reducción: } N^{5+} + 3e^- \rightarrow N^{2+}$$

Nótese que para escribir dichas semirreacciones se toman en consideración los subíndices con los que aparecen en los compuestos originales, pero no se escribe la fórmula del compuesto completo del cual proviene. En la oxidación, el número de electrones por átomo siempre se expresa en el lado de los productos para expresar su pérdida y en la reducción en los reactivos para expresar su ganancia.

3. Balancear por masa las semirreacciones.

Se debe de tomar en consideración los subíndices de cada elemento y modificando el número de electrones transferidos acorde a dicho balance de masa:

$$\text{Oxidación: } P_4^0 \rightarrow 4P^{5+} + 20e^-$$

$$\text{Reducción: } N^{5+} + 3e^- \rightarrow N^{2+}$$

En éste caso solo fue necesario balancear la ecuación de oxidación, ya que había 4 P en reactivos y 1 en productos. Al colocar el 4 como coeficiente estequiométrico en el lado de los productos, debemos de multiplicar por éste el número de electrones, ya que la cifra que estaba solo consideraba un átomo; es decir, tenía 5 electrones debido a que la diferencia entre 0 y 5+ es 5, pero al estar involucrados 4 átomos, tenemos que $4 \times 5 = 20$ electrones.

4. Balancear el número de electrones para que sean los mismos en las dos semirreacciones (ya que solo hay transferencia de electrones, no puede haber pérdida ni ganancia de éstos en una reacción general)

3. Balanceo de ecuaciones químicas

Esto se logra al multiplicar la semirreacción de oxidación por el número de electrones involucrados en la semirreacción de reducción y viceversa. En nuestro caso, habrá que multiplicar la semirreacción de oxidación por 3 y la de reducción por 20. En caso de que los números por los cuales se multiplicarán las semirreacciones puedan reducirse a números más sencillos deberá hacerse, sin embargo, éste no es el caso ya que el 3 y el 20 no tienen un número por el cual ambos sean divisibles:

Oxidación: $\mathbf{3} \times (P_4^0 \rightarrow 4P^{5+} + 20e^-) = 3P_4^0 \rightarrow 12P^{5+} + \mathbf{60e^-}$

Reducción: $\mathbf{20} \times (N^{5+} + 3e^- \rightarrow N^{2+}) = 20N^{5+} + \mathbf{60e^-} \rightarrow 20N^{2+}$

Nótese que ahora el número de electrones es exactamente el mismo del lado de los productos en la reacción de oxidación que en el lado de los reactivos en la reacción de reducción. Si dicha igualdad no se cumple a este nivel, indicaría que algo hicimos mal en pasos previos y tendría que revisarse.

5. Transferir los coeficientes obtenidos en el paso anterior a la ecuación original, teniendo cuidado de identificar correctamente los compuestos de donde se obtuvo cada elemento.

$$20HNO_3 + 3P_4 + H_2O \rightarrow 12H_3PO_4 + 20NO$$

6. Corroborar el correcto balanceo, al menos de los elementos involucrados en las semirreacciones y posteriormente terminar de balancear por tanteo, en caso de ser requerido, los elementos que aún falten por estar ajustados.

En nuestro caso, al balancear los oxígenos modificando el coeficiente del agua, logramos balancear simultáneamente el número de hidrógenos y nuestra ecuación queda lista:

$$20HNO_3 + 3P_4 + \mathbf{8}H_2O \rightarrow 12H_3PO_4 + 20NO$$

$$
\begin{array}{ccc}
20 & N & 20 \\
12 & P & 12 \\
68 & \cancel{61}\ O & 68 \\
36 & \cancel{22}\ H & 36 \\
\end{array}
$$

3. Balanceo de ecuaciones químicas

Puede llegarse a dar el caso, aunque no es muy común, que un mismo elemento se reduzca y a la vez se oxide; o más raro aún, que exista más de 1 elemento que se oxide o se reduzca.

Balancee la siguiente reacción, en donde el NaOH está en solución concentrada:

$$NaOH + S \rightarrow Na_2S_2O_3 + Na_2S + H_2O$$

1. Al establecer los números de oxidación individuales de todos los elementos participantes:

$$\overset{1+}{Na}\overset{2-}{O}\overset{1+}{H} + \overset{0}{S} \rightarrow \overset{1+}{Na_2}\overset{2+}{S_2}\overset{2-}{O_3} + \overset{1+}{Na_2}\overset{2-}{S} + \overset{1+}{H_2}\overset{2-}{O}$$

2. Observamos que el azufre por una parte se oxida al pasar del estado fundamental a formar parte del tiosulfato de sodio ($Na_2S_2O_3$) puesto que cambia su número de oxidación de 0 a 2+, pero simultáneamente se reduce al pasar del mismo estado fundamental (0) a formar el anión sulfuro (2−) en el Na_2S. Al escribir las semirreacciones:

$$\text{Oxidación: } S^0 \rightarrow S_2^{2+} + 2e^-$$

$$\text{Reducción: } S^0 + 2e^- \rightarrow S^{2-}$$

3. Al balancear por masa:

$$\text{Oxidación: } 2S^0 \rightarrow S_2^{2+} + 4e^-$$

$$\text{Reducción: } S^0 + 2e^- \rightarrow S^{2-}$$

4. Al balancear el número de electrones, tendríamos que multiplicar la semirreacción de oxidación por 2 y la de reducción por 4, sin embargo, éstos al tener un común divisor (2) es posible reducirlos dividiéndolos entre de él y se obtiene:

$$\text{Oxidación: } 1 \times \cancel{2} \times (2S^0 \rightarrow S_2^{2+} + 4e^-) = 2S^0 \rightarrow S_2^{2+} + 4e^-$$

$$\text{Reducción: } 2 \times \cancel{4} \times (S^0 + 2e^- \rightarrow S^{2-}) = 2S^0 + 4e^- \rightarrow 2S^{2-}$$

5. Validamos que el número de electrones sea el mismo en ambas semirreacciones y ahora tenemos que proceder a colocar los coeficientes obtenidos en este balance en la reacción original. Dado que el S se repite en ambas semirreacciones al reducirse y oxidarse simultáneamente, debemos **sumar los coeficientes**, es decir, colocaremos un 4 como coeficiente estequiométrico en la reacción original:

$$NaOH + 4S \rightarrow Na_2S_2O_3 + 2Na_2S + H_2O$$

6. Culminamos balanceando por tanteo los elementos restantes y obtenemos:

$$6NaOH + 4S \rightarrow Na_2S_2O_3 + 2Na_2S + 3H_2O$$

6 ~~1~~ Na 6
4 S 4
6 O ~~4~~ 6
6 H 6

Balanceo por ión – electrón

Hasta ahora, hemos considerado el balanceo solo como el cambio de coeficientes, sin embargo, existe un tipo especial de reacciones de óxido reducción que no es posible balancear por el método redox tradicional, dado que hacen falta especies que deben de estar presentes en las semirreacciones para completar los átomos, es decir, en adición al cambio de coeficientes, debemos añadir iones (H^+ o OH^-) o compuestos (H_2O) para lograr el balance de materia.

Dichas reacciones ocurren en el contexto de las titulaciones redox y la electroquímica y pueden ocurrir tanto en medio ácido como en básico y si los compuestos participantes no nos dan una pista sobre de esto, la redacción del problema nos indicará implícita o explícitamente en cuál de los dos medios ocurre. Cabe hacer la aclaración que la presencia de ácidos y bases en éste tipo de reacciones son como soluciones diluidas, ya que si participa un ácido o base concentrada, lo más probable es que la ecuación deba balancearse por método redox.

Otra característica de este método es que solo considera ecuaciones iónicas netas, es decir, no se toman en consideración iones espectadores, es decir, aquellos que no sufren un cambio en su número de oxidación. Considérese la reacción que ocurre entre el cloruro de manganeso (II) y el bismutato de sodio en medio ácido:

$$MnCl_2 + NaBiO_3 \rightarrow NaMnO_4 + BiCl_3 \text{ (medio ácido)}$$

Si consideramos que todos los compuestos están completamente ionizados, tenemos:

$$Mn^{2+} + \cancel{2Cl^-} + \cancel{Na^+} + BiO_3^- \rightarrow \cancel{Na^+} + MnO_4^- + Bi^{3+} + \cancel{3Cl^-} \text{ (medio ácido)}$$

Las únicas especies que no cambian su número de oxidación son el Na^+ y el Cl^-, por lo que la reacción iónica neta se expresa como:

$$Mn^{2+} + BiO_3^- \rightarrow MnO_4^- + Bi^{3+} \text{ (medio ácido)}$$

Al estar especificado el medio en el que ocurre la reacción, es obvio que los iones que le dan dicho carácter a la solución deban de aparecer en la ecuación, en nuestro caso, debe de haber H^+ en cualquier lado de la ecuación, pero hasta este punto no aparecen. Veamos a continuación cómo se colocan estos iones. Aquí es preciso hacer notar una apreciable diferencia entre el método redox y el ión electrón. En el primero, se escribían las semirreacciones involucrando solo al átomo que se oxidaba o se reducía. Aquí se tiene que escribir todo el ión completo:

$$\text{Oxidación: } Mn^{2+} \rightarrow MnO_4^- + 5e^-$$

$$\text{Reducción: } BiO_3^- + 2e^- \rightarrow Bi^{3+}$$

Es por eso que en la semirreacción de oxidación, en vez de escribir Mn^{7+} como producto, está escrito el anión permanganato MnO_4^- y de igual manera, en la de reducción está escrito el anión BiO_3^- en vez de Bi^{5+}.

Similar a cuando tratábamos el método redox, debemos de balancear primero por masa las semirreacciones con respecto a los elementos que sufrieron cambios en su estado de oxidación, sin embargo, llegados a este nivel notamos que aparte de que hacen falta los H^+ por tratarse de un medio ácido, ahora a ambas semirreacciones también les faltan oxígenos. Para realizar estos balances de masa de elementos que no aparecen en ningún lado de las semirreacciones, tenemos dos reglas que debemos seguir según los elementos que hagan falta en las semirreacciones, seguidas en el orden que se indica:

1. **Por cada oxígeno que haga falta en un lado de la semirreacción, se debe de añadir una molécula de H_2O.**
2. **Por cada hidrógeno que haga falta en un lado de la semirreacción, se debe de añadir igual número de H^+.**

Aplicando dichas reglas en la semirreacción de oxidación de nuestro ejemplo, al hacer falta 4 oxígenos del lado de los reactivos, colocamos $4H_2O$:

$$\text{Oxidación:} \quad \mathbf{4H_2O} + Mn^{2+} \rightarrow MnO_4^- + 5e^-$$

Sin embargo, ahora hacen falta 8 hidrógenos en el lado de productos, por lo que se añaden $8H^+$, resultando en:

$$\text{Oxidación:} \quad 4H_2O + Mn^{2+} \rightarrow MnO_4^- + \mathbf{8H^+} + 5e^-$$

Aplicando lo mismo en la semirreacción de reducción:

$$\text{Reducción:} \quad BiO_3^- + 2e^- \rightarrow Bi^{3+} + \mathbf{3H_2O}$$

$$\text{Reducción:} \quad \mathbf{6H^+} + BiO_3^- + 2e^- \rightarrow Bi^{3+} + 3H_2O$$

Por lo que ahora ya tenemos las semirreacciones balanceadas por masa:

$$\text{Oxidación: } 4H_2O + Mn^{2+} \rightarrow MnO_4^- + 8H^+ + 5e^-$$

$$\text{Reducción: } 6H^+ + BiO_3^- + 2e^- \rightarrow Bi^{3+} + 3H_2O$$

Procedemos ahora a balancear número de electrones de igual manera que en el método redox:

$$\text{Oxidación:} \quad \mathbf{2} \times (4H_2O + Mn^{2+} \rightarrow MnO_4^- + 8H^+ + 5e^-) =$$

$$8H_2O + 2Mn^{2+} \rightarrow 2MnO_4^- + 16H^+ + \mathbf{10e^-}$$

3. Balanceo de ecuaciones químicas

Reducción: $\mathbf{5} \times (6H^+ + BiO_3^- + 2e^- \rightarrow Bi^{3+} + 3H_2O) =$

$$30H^+ + 5BiO_3^- + \mathbf{10e^-} \rightarrow 5Bi^{3+} + 15H_2O$$

Validamos que el número de electrones sea igual y procedemos ahora a sumar ambas semirreacciones:

$$8H_2O + 2Mn^{2+} \rightarrow 2MnO_4^- + 16H^+ + \cancel{10e^-}$$

$+$ $\quad \underline{30H^+ + 5BiO_3^- + \cancel{10e^-} \rightarrow 5Bi^{3+} + 15H_2O}$

$$8H_2O + 2Mn^{2+} + 30H^+ + 5BiO_3^- \rightarrow 2MnO_4^- + 16H^+ + 5Bi^{3+} + 15H_2O$$

Observamos que hay especies que se repiten en ambos lados, por lo que se pueden reducir dichos términos semejantes realizando una resta y dejando el número que resulta del lado en donde dicha especie esté originalmente en mayor cantidad.

$$\mathbf{8H_2O} + 2Mn^{2+} + \mathbf{30H^+} + 5BiO_3^- \rightarrow 2MnO_4^- + \mathbf{16H^+} + 5Bi^{3+} + \mathbf{15H_2O}$$

Así se obtiene la siguiente ecuación:

$$2Mn^{2+} + 14H^+ + 5BiO_3^- \rightarrow 2MnO_4^- + 5Bi^{3+} + 7H_2O$$

Por último, debemos validar que éste resultado esté balanceado tanto en masa como en carga. Balancear por carga no significa que la suma de las cargas deba de ser cero, sino que la suma de todas las cargas del lado de los reactivos sea igual a la suma de todas las cargas del lado de los productos. Si a éste nivel encontramos una desigualdad en cualquiera de las dos magnitudes (masa o carga) significa que hemos cometido un error durante el procedimiento. En cuanto a masa:

$$2Mn^{2+} + 14H^+ + 5BiO_3^- \rightarrow 2MnO_4^- + 5Bi^{3+} + 7H_2O$$

$$\begin{array}{ccc} 2 & Mn & 2 \\ 5 & Bi & 5 \\ 15 & O & 15 \\ 14 & H & 14 \end{array}$$

Y en cuanto a carga:

$$2Mn^{2+} + 14H^+ + 5BiO_3^- \rightarrow 2MnO_4^- + 5Bi^{3+} + 7H_2O$$

$$(2 \times 2+) + (14 \times 1+) + (5 \times 1-) \rightarrow (2 \times 1-) + (5 \times 3+) + 0$$

$$(4+) + (14+) + (5-) \rightarrow (2-) + (15+)$$

$$13+ \rightarrow 13+$$

Por lo que confirmamos que nuestra ecuación queda balanceada.

Por otra parte, cuando las reacciones redox se presentan en medio básico, habrá que considerar la presencia de hidroxilos ya sea en productos o en reactivos. Para balancear una ecuación en estas condiciones, **se aplican en un inicio los mismos pasos que como si se tratara en medio ácido,** aun cuando en la práctica puede ser que algunas reacciones no ocurran en ambos medios. Considerando la siguiente ecuación iónica neta:

$$ClO^- + CrO_2^- \rightarrow Cl^- + CrO_4^{2-}$$

Identificando las semirreacciones:

$$\text{Oxidación: } CrO_2^- \rightarrow CrO_4^{2-} + \mathbf{3e^-}$$

$$\text{Reducción: } ClO^- + \mathbf{2e^-} \rightarrow Cl^-$$

Ambas se encuentran balanceadas en masa respecto a los elementos que sufren cambios en el número de oxidación, pero no en cuanto a O ni H, por lo que aplicando las reglas de ajuste para estos elementos:

$$\text{Oxidación: } \mathbf{2H_2O} + CrO_2^- \rightarrow CrO_4^{2-} + 3e^-$$

$$2H_2O + CrO_2^- \rightarrow CrO_4^{2-} + \mathbf{4H^+} + 3e^-$$

$$\text{Reducción: } ClO^- + 2e^- \rightarrow Cl^- + \mathbf{H_2O}$$

$$\mathbf{2H^+} + ClO^- + 2e^- \rightarrow Cl^- + H_2O$$

Al balancear electrones:

$$\text{Oxidación: } \mathbf{2} \times (2H_2O + CrO_2^- \rightarrow CrO_4^{2-} + 4H^+ + 3e^-) =$$

$$4H_2O + 2CrO_2^- \rightarrow 2CrO_4^{2-} + 8H^+ + 6e^-$$

Reducción: $\mathbf{3} \times (2H^+ + ClO^- + 2e^- \rightarrow Cl^- + H_2O) =$

$$6H^+ + 3ClO^- + 6e^- \rightarrow 3Cl^- + 3H_2O$$

Sumando ambas semirreacciones:

$$4H_2O + 2CrO_2^- \rightarrow 2CrO_4^{2-} + 8H^+ + \cancel{6e^-}$$

$$+ \quad \underline{6H^+ + 3ClO^- \cancel{+6e^-} \rightarrow 3Cl^- + 3H_2O}$$

$$4H_2O + 2CrO_2^- + 6H^+ + 3ClO^- \rightarrow 2CrO_4^{2-} + 8H^+ + 3Cl^- + 3H_2O$$

Reduciendo términos semejantes:

$$\mathbf{4H_2O} + 2CrO_2^- + \cancel{\mathbf{6H^+}} + 3ClO^- \rightarrow 2CrO_4^{2-} + \mathbf{8H^+} + 3Cl^- + \cancel{\mathbf{3H_2O}}$$

$$H_2O + 2CrO_2^- + 3ClO^- \rightarrow 2CrO_4^{2-} + 3Cl^- + 2H^+$$

Con lo que obtenemos ya la ecuación balanceada en medio ácido. Ahora, la regla para el balanceo por medio básico es **colocar un OH⁻ en cada lado de la ecuación por cada H⁺ presente en la ecuación ya balanceada en medio ácido** y posteriormente, en el lado en **donde coexistan H⁺ y OH⁻ unirlos para formar H₂O**. Así pues, al agregar tantos hidroxilos en cada lado de la ecuación por cada H⁺ presente del lado de los productos (2):

$$\mathbf{2OH^-} + H_2O + 2CrO_2^- + 3ClO^- \rightarrow 2CrO_4^{2-} + 3Cl^- + 2H^+ + \mathbf{2OH^-}$$

Observamos que del lado de los productos coexisten 2H⁺ y 2OH⁻ por lo que los unimos para formar 2 moléculas de H₂O:

$$2OH^- + \mathbf{H_2O} + 2CrO_2^- + 3ClO^- \rightarrow 2CrO_4^{2-} + 3Cl^- + \mathbf{2H_2O}$$

Ahora, reduciendo los términos semejantes:

$$2OH^- + 2CrO_2^- + 3ClO^- \rightarrow 2CrO_4^{2-} + 3Cl^- + H_2O$$

Y validando el balanceo por masa y por carga:

3. Balanceo de ecuaciones químicas

$$2OH^- + 2CrO_2^- + 3ClO^- \rightarrow 2CrO_4^{2-} + 3Cl^- + H_2O$$

$$2 \quad Cr \quad 2$$
$$3 \quad Cl \quad 3$$
$$9 \quad O \quad 9$$
$$2 \quad H \quad 2$$

$$2OH^- + 2CrO_2^- + 3ClO^- \rightarrow 2CrO_4^{2-} + 3Cl^- + H_2O$$
$$(2 \times 1-) + (2 \times 1-) + (3 \times 1-) \rightarrow (2 \times 2-) + (3 \times 1-) + 0$$
$$(2-) + (2-) + (3-) \rightarrow (4-) + (3-)$$
$$7- \rightarrow 7-$$

Con lo que se valida el resultado obtenido.

Como ya mencionábamos, aunque teóricamente la gran mayoría de ecuaciones tengan solución en ambos medios, algunas solo son espontáneas termodinámicamente en uno de los dos, por lo que toma mucha importancia la interpretación del planteamiento del problema, o la correcta inspección de las especies que participan en la reacción.

Otra herramienta con la que nos podemos auxiliar son las reacciones de semicelda según su potencial estándar de reducción, de lo que se hablará en el capítulo 8.

Como es de suponer, al igual que en el balanceo por redox, hay situaciones en donde un mismo átomo se oxida y se reduce durante el mismo proceso. Supongamos que nos presentan la siguiente reacción para balancear por ión electrón sin dar mayores detalles.

$$P \rightarrow PH_3 + H_2PO_2^-$$

Sea que la reacción se lleve a cabo en medio ácido o básico ya sabemos que debemos de comenzar aplicando los pasos revisados para el medio ácido. Escribiendo las semirreacciones:

$$\text{Oxidación: } P \rightarrow H_2PO_2^- + \mathbf{1e^-}$$

$$\text{Reducción: } P + \mathbf{3e^-} \rightarrow PH_3$$

3. Balanceo de ecuaciones químicas

En cuanto a fósforo están balanceadas en masa, pero en cuanto a O e H no.

$$\text{Oxidación: } \mathbf{2H_2O} + P \rightarrow H_2PO_2^- + \mathbf{2H^+} + 1e^-$$

$$\text{Reducción: } \mathbf{3H^+} + P + 3e^- \rightarrow PH_3$$

Balanceando electrones:

$$\text{Oxidación: } \mathbf{3} \times (2H_2O + P \rightarrow H_2PO_2^- + 2H^+ + 1e^-) =$$

$$6H_2O + 3P \rightarrow 3H_2PO_2^- + 6H^+ + 3e^-$$

$$\text{Reducción: } \mathbf{1} \times (3H^+ + P + 3e^- \rightarrow PH_3) = 3H^+ + P + 3e^- \rightarrow PH_3$$

Sumando semirreacciones:

$$6H_2O + 3P \rightarrow 3H_2PO_2^- + 6H^+ + \cancel{3e^-}$$
$$+ \quad \underline{3H^+ + P + \cancel{3e^-} \rightarrow PH_3}$$
$$6H_2O + 3P + 3H^+ + P \rightarrow 3H_2PO_2^- + 6H^+ + PH_3$$

Reduciendo términos semejantes y realizando la suma de los dos coeficientes del P:

$$6H_2O + \mathbf{3P} + \cancel{3H^+} + P \rightarrow 3H_2PO_2^- + \mathbf{6H^+} + PH_3$$

$$6H_2O + 4P \rightarrow 3H_2PO_2^- + PH_3 + 3H^+$$

4 P 4

6 O 6

12 H 12

$$(6 \times 0) + (4 \times 0) \rightarrow (3 \times 1 -) + (3 \times 1 +) + (1 \times 0)$$

$$0 + 0 \rightarrow (3 -) + (3 +) + 0$$

$$0 \rightarrow 0$$

Con lo cual tenemos resuelta la ecuación en medio ácido. Si deseáramos conocer cómo quedaría en medio básico, o bien, el problema así nos lo plantea, continuaríamos de la siguiente manera:

3. Balanceo de ecuaciones químicas

$$6H_2O + 4P + 3OH^- \rightarrow 3H_2PO_2^- + PH_3 + 3H^+ + 3OH^-$$

$$6H_2O + 4P + 3OH^- \rightarrow 3H_2PO_2^- + PH_3 + 3H_2O$$

$$3H_2O + 4P + 3OH^- \rightarrow 3H_2PO_2^- + PH_3$$

$$4 \; P \; 4$$

$$6 \; O \; 6$$

$$9 \; H \; 9$$

$$(3 \times 0) + (4 \times 0) + (3 \times 1-) \rightarrow (3 \times 1 -) + (1 \times 0)$$

$$0 + 0 + (3-) \rightarrow (3 -) + 0$$

$$3- \rightarrow 3 -$$

Con lo que tenemos que esta ecuación puede resolverse tanto en medio ácido como en básico, sin embargo, la determinación de cuál de los dos procesos es termodinámicamente más probable escapa al alcance del presente capítulo.

3. Balanceo de ecuaciones químicas

Ejercicios complementarios.

Balancee las siguientes ecuaciones químicas utilizando el método que se indica.

Tanteo

1. $NaOH + H_2SO_4 \rightarrow Na_2SO_4 + H_2O$
2. $Al(OH)_3 + H_2CO_3 \rightarrow Al_2(CO_3)_3 + H_2O$
3. $Na_3PO_4 + Ba(NO_3)_2 \rightarrow Ba_3(PO_4)_2 + NaNO_3$
4. $SrBr_2 + NaNO_3 \rightarrow Sr(NO_3)_2 + NaBr$
5. $C_{30}H_{62} + O_2 \rightarrow CO_2 + H_2O$
6. $BaCl_2 + Fe_2(SO_4)_3 \rightarrow FeCl_3 + BaSO_4$
7. $K_2SO_4 + HI \rightarrow KI + H_2SO_4$
8. $K_3PO_4 + HCl \rightarrow KCl + H_3PO_4$
9. $MgCO_3 + HI \rightarrow MgI_2 + H_2CO_3$
10. $NH_3 + BaO \rightarrow Ba + N_2 + H_2O$
11. $PCl_5 + H_2O \rightarrow HCl + H_3PO_4$
12. $NH_3 + O_2 \rightarrow NO + H_2O$
13. $H_2O_2 \rightarrow H_2O + O_2$
14. $N_2O_5 + H_2O \rightarrow HNO_3$
15. $C_2H_5OH + O_2 \rightarrow CO_2 + H_2O$
16. $H_3PO_4 + Li_2O \rightarrow Li_3PO_4 + H_2O$

Redox

1. $K_2Cr_2O_7 + HCl \rightarrow KCl + CrCl_3 + Cl_2 + H_2O$
2. $I_2O_5 + CO \rightarrow I_2 + CO_2$
3. $Al + CuSO_4 \rightarrow Cu + Al_2(SO_4)_3$
4. $I_2 + HNO_3 \rightarrow HIO_3 + NO_2 + H_2O$
5. $Al + H^+ \rightarrow Al^{5+} + H_2$
6. $Ag_2SO_4 + AsH_3 + H_2O \rightarrow Ag + As_4O_6 + H_2SO_4$
7. $SnCl_2 + HgCl_2 \rightarrow SnCl_4 + Hg_2Cl_2$
8. $CuS + O_2 \rightarrow Cu_2O + SO_2$
9. $Na_2Cr_2O_7 + FeCl_2 + HCl \rightarrow CrCl_3 + FeCl_3 + NaCl + H_2O$
10. $CuO + NH_3 \rightarrow N_2 + Cu + H_2O$

11. $Al + NaOH \rightarrow Na_3AlO_3 + H_2$

12. $U(SO_4)_2 + KMnO_4 + H_2O \rightarrow H_2SO_4 + K_2SO_4 + MnSO_4 + UO_2SO_4$

13. $Zn + HNO_3 \rightarrow Zn(NO_3)_2 + N_2O + H_2O$

14. $NaI + H_2SO_4 \rightarrow H_2S + I_2 + Na_2SO_4 + H_2O$

15. $As_2S_3 + HClO_4 + H_2O \rightarrow H_3AsO_4 + HCl + H_2SO_4$

16. $WO_3 + SnCl_2 + HCl \rightarrow W_3O_8 + H_2SnCl_6 + H_2O$

Ión- electrón (medio ácido)

1. $Cu + NO_3^- \rightarrow Cu^{2+} + NO$
2. $Zn + NO_3^- \rightarrow Zn^{2+} + NH_4^+$
3. $IO_4^- + C_2O_4^{-2} \rightarrow IO_3^- + CO_2$
4. $HNO_3 + H_2S \rightarrow NO + S$
5. $H_2S + Br_2 \rightarrow SO_4^{2-} + Br^-$
6. $Mn^{2+} + BrO_3 \rightarrow MnO_4^- + Br^{3+}$
7. $HNO_2 \rightarrow NO_3 + NO$
8. $CuS + NO_3^- \rightarrow Cu^{2+} + SO_4^{2-} + NO$
9. $Zn + H_2MoO_4 \rightarrow Zn^{2+} + Mo^{3+}$
10. $Cu + SO_4^{2-} \rightarrow Cu^{2+} + SO_2$
11. $IO_3^- + SO_2 \rightarrow I_2 + SO_4^{2-}$
12. $Cr_2O_7^{2-} + Cl^- \rightarrow Cr^{3+} + Cl_2$
13. $H_2O_2 + Cl_2O_7 \rightarrow ClO_2^- + O_2$
14. $As_2O_3 + NO_3^- \rightarrow H_3AsO_4 + N_2O_3$
15. $As + ClO_3^- \rightarrow H_3AsO_3 + HClO$
16. $H_2C_2O_4 + MnO_4^- \rightarrow Mn^{2+} + CO_2$
17. $XeO_3 + I^- \rightarrow Xe + I_3^-$
18. $C_6H_8O_6 + IO_3^- \rightarrow C_6H_6O_6 + I^-$
19. $MnO_4^- + Cl^- \rightarrow Mn^{2+} + Cl_2$
20. $ClO_2^- + I^- \rightarrow Cl^- + I_2$

Ión- electrón (medio básico)

1. $PbO_2 + Cl^- \rightarrow HPbO_2^- + ClO^-$
2. $Pb(OH)_4^{2-} + ClO^- \rightarrow PbO_2 + Cl^-$

3. $H_2O_2 + Cr(OH)_3 \rightarrow CrO_4^{2-} + H_2O$
4. $NO_2^- + Al \rightarrow NH_3 + Al(OH)_4^-$
5. $Cl_2 \rightarrow Cl^- + ClO^-$
6. $Mn(OH)_2 + O_2 \rightarrow Mn(OH)_3$
7. $MnO_4^- + I \rightarrow MnO_4^{2-} + IO_4^-$
8. $CN^- + MnO_4^- \rightarrow CNO^- + MnO_2$
9. $Br_2 \rightarrow BrO_3^- + Br^-$
10. $Bi(OH)_3 + SnO_2^{2-} \rightarrow SnO_3^{2-} + Bi$
11. $N_2H_4 + Cu(OH)_2 \rightarrow N_2 + Cu$
12. $NO_2 \rightarrow NO_3^- + NO_2^-$
13. $Sn(OH)_3^- + Bi(OH)_3 \rightarrow Sn(OH)_6^{2-} + Bi$
14. $Cr(OH)_3 + ClO^- \rightarrow CrO_4^{2-} + Cl^-$
15. $As + OH^- \rightarrow AsO_3^{3-} + H_2$
16. $MnO_4^- + AsO_2^- \rightarrow MnO_2 + AsO_4^{3-}$
17. $SO_3^{2-} + Cl_2 \rightarrow SO_4^{2-} + Cl^-$
18. $V \rightarrow HV_6O_{17}^{3-} + H_2$

3. Balanceo de ecuaciones químicas

Capítulo 4. Formas de expresar concentración

Una de las piedras angulares de todo análisis químico es la preparación de soluciones, ya que más allá de su inherente utilidad en el laboratorio de química analítica, los principios que rigen dicha actividad se aplican en otras circunstancias como la farmacéutica y las ciencias biológicas y médicas.

En química se estudian tres sistemas dispersos diferentes: Suspensiones, coloides y **soluciones**. Las soluciones son mezclas homogéneas en donde el tamaño de las partículas que lo conforman es muy pequeño y están formados por dos componentes, los cuales pueden estar en cualquiera de los tres estados de agregación de la materia más comunes: en primera instancia el disolvente, que hablando de disolventes líquidos se considera que es agua a menos que se indique lo contrario y en segundo lugar, el soluto:

$$\text{Soluto} + \text{Disolvente} = \text{Solución}$$

La **concentración** de una solución hace referencia a la relación existente entre la cantidad de soluto disuelta y una determinada cantidad de disolvente o de solución final. En soluciones con disolventes líquidos, se considera como solución saturada aquella en la que se encuentra disuelta la máxima cantidad posible de soluto a una temperatura determinada, ya que al aumentar ésta es posible disolver mayor cantidad de soluto que la permitida; y como solución no saturada o insaturada aquella que tiene disuelta una cantidad menor a dicho límite. Si se sobrepasa tal límite, se denomina entonces como solución sobresaturada.

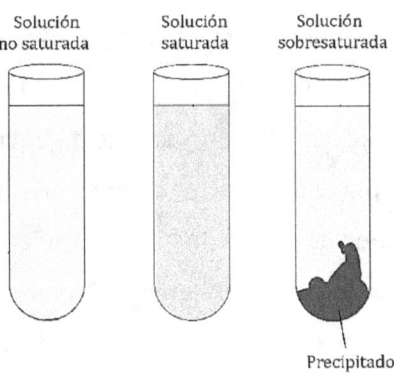

Al menos en los primeros capítulos de esta obra nos referiremos a soluciones no saturadas y posteriormente en el capítulo 7 abarcaremos a los otros tipos de soluciones.

Unidades químicas de concentración.

Molaridad (M)

Constituye la unidad de concentración más utilizada en soluciones donde el disolvente es líquido, pues muchos cálculos y fórmulas en química analítica necesitan que la cantidad de soluto en solución esté definida en términos de molaridad. Nos indica la cantidad de **moles de soluto** que están presentes **por cada litro de solución**. Al hablar de compuestos iónicos, lo estrictamente correcto es denominarla formalidad (F) ya que no se habla de moléculas propiamente dichas, sin embargo, implica lo mismo y a lo largo de este texto se utiliza el término molaridad indistintamente si es un compuesto molecular o iónico. La fórmula para calcular la molaridad de una solución es la siguiente:

$$M = \frac{\text{Moles de soluto}}{\text{Volumen de solución (L)}} = \frac{\text{Milimoles de soluto}}{\text{Volumen de solución (mL)}}$$

En donde el número de moles (n):

$$n = \frac{\text{Masa (g)}}{\text{Masa molar}\left(\frac{g}{mol}\right)} \text{ ó } \frac{\text{Masa (mg)}}{\text{Masa molar}\left(\frac{mg}{mmol}\right)}$$

Se entiende de estas fórmulas que, al haber mayor cantidad de soluto, mayor cantidad de moles estarán disueltos y, por consiguiente, el valor obtenido será más alto y más concentrada será la solución resultante. Se obtiene exactamente el mismo resultado con cualquiera de las dos formas de la fórmula, puesto que ambas unidades son la milésima parte de la otra; pero si dividimos milimoles de soluto entre litros de solución, tendríamos que la concentración obtenida sería milimolar (mM) y así, consecutivamente podemos tener soluciones expresadas en términos de micromolar (μM), picomolar (pM), etc., ateniendo a que tan diluida esté la solución en cuestión:

$$\frac{\text{mmol soluto}}{\text{L solución}} = \text{mM} = 1 \times 10^{-3}\text{M} \qquad \frac{\mu\text{mol soluto}}{\text{L solución}} = \mu\text{M} = 1 \times 10^{-6}\text{M}$$

$$\frac{\text{nmol soluto}}{\text{L solución}} = \text{nM} = 1 \times 10^{-9}\text{M}$$

En la práctica, ¿cómo se prepara una solución molar? Por ejemplo, si queremos preparar una solución 1 M de nitrato de potasio (KNO_3), de acuerdo a la masa molar del compuesto sabemos que 1 mol equivale a 101.1 g, por lo que debemos pesar dicha cantidad de sustancia, posteriormente traspasarlo a un matraz aforado de 1 L, diluir la sal con una cantidad arbitraria de agua destilada y posteriormente aforar, es decir, verter tanta agua sea necesaria como para que el nivel de la solución resultante abarque hasta la marca de aforo del matraz. Todo el procedimiento se esquematiza en la figura 4.1.

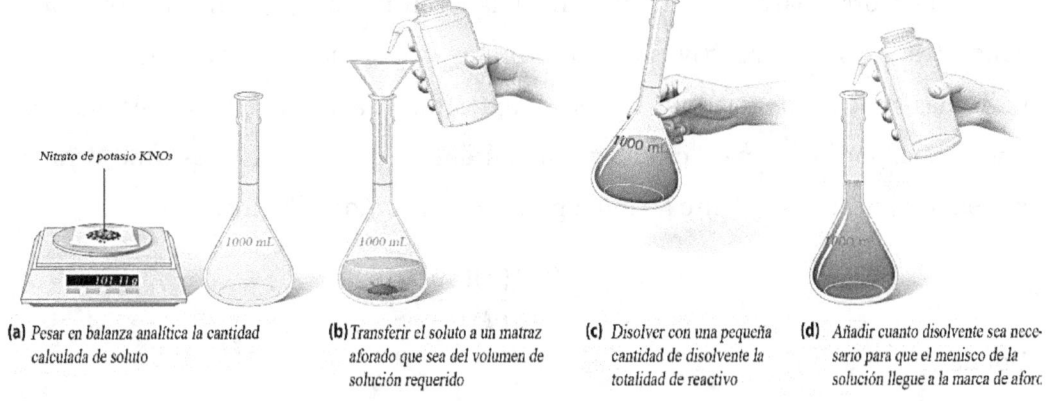

(a) Pesar en balanza analítica la cantidad calculada de soluto

(b) Transferir el soluto a un matraz aforado que sea del volumen de solución requerido

(c) Disolver con una pequeña cantidad de disolvente la totalidad de reactivo

(d) Añadir cuanto disolvente sea necesario para que el menisco de la solución llegue a la marca de aforo

Figura 4.1 Representación esquemática de la manera de preparar una solución a una molaridad determinada.

Nótese que en la fórmula de molaridad está escrito "volumen de solución" y no "volumen de disolvente" por lo que, en nuestro ejemplo, en ningún momento se dijo que se tenía que mezclar 101.1 g de la sal con 1 L de agua, esto debido a que en la gran mayoría de casos, la solvatación de los solutos en agua modifica el volumen, por lo tanto, no es estrictamente cierto que el volumen utilizado haya sido exactamente 1 L. Muchas veces se puede pasar por alto éste detalle, pero como veremos en otras unidades de concentración, será crucial para poder convertir unas en otras.

Calcular la molaridad de la solución obtenida al disolver 4.05 g de bicarbonato de sodio en suficiente agua para obtener 150 mL de solución.

Procedemos en primera instancia a calcular el número de moles pesados (o milimoles) y después, dividir este número entre el volumen de solución final:

$$4.05 \; \cancel{g \; NaHCO_3} \left(\frac{1 \; mol \; NaHCO_3}{84.01 \; \cancel{g \; NaHCO_3}} \right) = 4.82085 \times 10^{-2} \; mol \; NaHCO_3$$

$$= 48.2085 \; mmol \; NaHCO_3$$

$$M = \frac{4.82085 \times 10^{-2} \; mol \; NaHCO_3}{0.15 \; L \; solución} \; o \; bien \; \frac{48.2085 \; mmol \; NaHCO_3}{150 \; mL \; solución} = 0.321 \; M$$

Sobra decir que si no colocamos el volumen en las unidades correspondientes a las del numerador, obtendremos un mal resultado.

Por otra parte, es común en el laboratorio que al utilizar soluciones concentradas de los reactivos que utilizamos con frecuencia, de fábrica vienen indicadas la densidad y la pureza del compuesto en dicha solución en términos de porcentaje, por lo que para calcular la molaridad de estas soluciones concentradas podemos aplicar la siguiente fórmula para simplificar los cálculos:

$$M = \frac{(\%)(\delta)(10)}{PM}$$

Donde:

δ: densidad de la solución en g/mL

%: Porcentaje peso/volumen o pureza del reactivo

PM: Masa molar del compuesto

Calcular la molaridad de una solución concentrada de ácido acético glacial si el frasco nos muestra en la etiqueta que posee un 99.5 % de pureza y una densidad de 1.05 g/cm³.

Al sustituir en la fórmula:

$$M = \frac{(99.5)(1.05)(10)}{60.05} = 17.4 \; M$$

El cual es un valor que concuerda con una solución concentrada.

Normalidad (N)

Se define como normalidad al número de **equivalentes de soluto por cada litro de solución.** Para entender esta unidad de concentración hay que conocer el número de equivalentes por fórmula que posee cada compuesto y esto varía dependiendo de qué tipo de compuesto estemos hablando:

- Ácidos. El número de equivalentes por fórmula es igual al número de H presentes en su molécula (o más exactamente, el número de protones que es capaz de donar). En este entendido, los ácidos monopróticos como HCl, HBr o CH_3COOH tienen 1 equivalente por fórmula (Eq·fórmula) o 1 equivalente por cada mol de sustancia (Eq·g); los dipróticos como el H_2CO_3 o H_2SO_4 poseen 2 Eq·fórmula y los tripróticos como el H_3PO_4, 3 Eq·fórmula.
- Bases. El número de hidroxilos (OH^-) capaces de ser liberados (o protones que puede aceptar). Bases como el LiOH, KOH o NH_3 poseen 1 Eq·fórmula (ya que los primeros dos casos liberan 1 hidroxilo y el amoniaco es capaz de aceptar solo un protón) y las bases como el $Ca(OH)_2$ o el $Al(OH)_3$ poseen 2 y 3 Eq·fórmula respectivamente.
- Sales. Se determina en base al número de cargas positivas o negativas (sin ser sumadas) que habría en la molécula al disociarse completamente, en el entendido de que la molécula es neutra. Por ejemplo, en el KNO_3, sabemos que está conformado por pares iónicos K^+ y NO_3^- en solución:

$$KNO_{3(ac)} \rightarrow K^+_{(ac)} + NO^-_{3(ac)}$$

Por lo que el número de Eq·fórmula es igual a 1, dado que hay 1 catión con carga 1+ ($1 \times 1+ = 1+$) y su contraparte en anión. Pero ahora, en el caso del $CaCl_2$:

$$CaCl_{2(ac)} \rightarrow Ca^{2+}_{(ac)} + 2Cl^-_{(ac)}$$

Tenemos 1 catión con carga 2+ ($1 \times 2+ = 2+$) y 2 aniones con carga 1− ($2 \times 1- = 2-$), por lo que el $CaCl_2$ posee 2 Eq·fórmula y así consecutivamente hasta llegar a casos más complejos como:

$$Al_2(SO_4)_{3(ac)} \rightarrow 2Al^{3+}_{(ac)} + 3SO^{2-}_{4(ac)}$$

Para el cual tenemos 6 Eq·fórmula (2 × 3+ = 6+), (3 × 2− = 6−).

- Oxidantes y reductores. Determinado por el número de electrones que pasan en la semirreacción de oxidación o reducción en la cual participan. Considerando como ejemplo la reducción del ión MnO_4^- a Mn^{2+} en medio ácido, la semirreacción que resulta en el balanceo por ión electrón es:

$$MnO_4^- + 8H^+ + 5e^- \rightarrow Mn^{2+} + 4H_2O$$

Y dado que por cada anión permanganato pasan 5 e⁻ en la semirreacción de reducción, el permanganato como oxidante posee 5 Eq·fórmula. Es comprensible que a este nivel sea difícil reconocer los equivalentes para este tipo de compuestos, sin embargo, al llegar al capítulo 8 quedará muy claro.

Habiendo comprendido todo lo anterior, tenemos que la ecuación para el cálculo de la normalidad es la siguiente:

$$\text{Normalidad (N)} = \frac{\text{Eq} \cdot \text{g soluto}}{\text{Volumen de solución (L)}} = \frac{\text{mEq} \cdot \text{g soluto}}{\text{Volumen de solución (mL)}}$$

Donde:

$$\text{Eq} \cdot \text{g} = n \times \text{Eq} \cdot \text{fórmula}$$

O bien, de una manera más práctica:

$$N = \text{Eq} \cdot \text{fórmula} \times M$$

De donde se deduce que la N siempre será mayor que la M en aquellas soluciones de compuestos con 2 o más Eq · fórmula, siendo múltiplos de ésta última.

Tenemos 2.5 g de Ba(OH)₂ disueltos en agua en un volumen final de 300 mL y deseamos saber la normalidad de la solución.

Al identificar que éste compuesto es capaz de liberar dos hidroxilos, si utilizamos la ecuación original, tenemos:

$$\text{Eq} \cdot \text{g} = n \times \text{Eq} \cdot \text{fórmula} = \frac{2.5 \text{ g Ba(OH)}_2}{171.32 \text{ g/mol}} \times 2 = 0.0292 \text{ Eq} \cdot \text{g}$$

$$N = \frac{0.0292 \text{ Eq} \cdot \text{g}}{0.3 \text{ L}} = 0.0973 \text{ N}$$

Y en el caso de calcular primero M:

$$M = \frac{n}{L} = \frac{\frac{2.5 \text{ g Ba(OH)}_2}{171.32 \text{ g/mol}}}{0.3 \text{ L}} = 0.0486 \text{ M} \therefore N = 2 \times 0.0486 = 0.0973 \text{ N}$$

Preparar 50.0 mL de una solución de Na_2SO_4 a una concentración de 1.35 N.

Vemos que el compuesto de interés es una sal y que una vez hecho el conteo de cargas ($2 \times 1+ = 2+$), podemos abordar el problema desde los Eq·g o desde la M, ya que ambos métodos son exactamente lo mismo y el lector podrá elegir el de su preferencia para la resolución de problemas posteriores:

$$N = \frac{mEq \cdot g}{mL} \therefore mEq \cdot g = (N)(mL) = \left(1.35 \frac{mEq \cdot g}{mL}\right)(50 \text{ mL}) = 67.5 \text{ mEq} \cdot g$$

$$mEq \cdot g = n \times Eq \cdot \text{fórmula} \therefore n = \frac{mEq \cdot g}{mEq \cdot \text{fórmula}} = \frac{67.5 \text{ mEq} \cdot g}{2 \text{ mEq} \cdot \text{fórmula}}$$

$$= 33.75 \text{ mmol Na}_2SO_4$$

Como mg = (mmol)(masa molar) $\therefore$ mg = $(33.75 \text{ mmol})(142.05 \frac{mg}{mmol})$

$$= 4794.19 \text{ mg Na}_2SO_4 = 4.79 \text{ g Na}_2SO_4$$

Que es la cantidad de soluto que debemos pesar, para después llevarlo a un volumen final de 50 mL con agua destilada. Por otra parte, si convertimos normalidad a molaridad:

$$N = Eq \cdot \text{fórmula} \times M \therefore M = \frac{N}{Eq \cdot \text{fórmula}} = \frac{1.35}{2} = 0.675 \text{ M}$$

Entonces procedemos como si fuéramos a preparar una solución molar:

$$M = \frac{mmol}{mL} \therefore mmol = (M)(mL) = \left(0.675 \frac{mmol}{mL}\right)(50 \text{ mL}) = 33.75 \text{ mmol}$$

Convirtiendo a gramos:

$$g = (33.75 \text{ mmol})\left(142.05 \frac{mg}{mmol}\right) = 4794.19 \text{ mg Na}_2SO_4 = 4.79 \text{ g Na}_2SO_4$$

Que es exactamente el mismo valor que el obtenido con el primer método.

Molalidad (m)

Es una unidad de concentración utilizada principalmente en el estudio de las propiedades coligativas (punto de ebullición, presión de vapor, etc.) y en experimentos con cambios de temperatura dado que, a diferencia de la molaridad, la molalidad no cambia al incrementar ésta. La fórmula para obtenerla es:

$$m = \frac{\text{Moles de soluto}}{\text{Kg disolvente}}$$

Como se puede apreciar, es la primera vez que se toma en cuenta al **disolvente por sí mismo en el denominador**, en vez de la solución total. Cuando el disolvente es agua, dado que su densidad es 1 g/mL, 1 kg de agua ocupará un volumen de 1 L y aunque pareciera que es lo mismo que la molaridad; como ya se resaltó cuando vimos cómo preparar una solución molar, el efecto de solvatación del soluto hace que podamos obtener un volumen mayor o menor de solución total respecto al que esperaríamos según la cantidad de disolvente utilizado.

Calcular la m de una solución de anilina ($C_6H_5NH_2$) preparada con 10.2 g de dicha sustancia disueltos en 500 g de agua (500 mL):

$$n = \frac{10.2 \text{ g}}{93.126 \text{ g/mol}} = 0.10953 \text{ mol } C_6H_5NH_2$$

$$m = \frac{\text{n soluto}}{\text{Kg disolvente}} = \frac{0.10953 \text{ mol}}{0.5 \text{ kg}} = 0.219 \text{ m}$$

Con los datos proporcionados, no podemos comparar este resultado con su molaridad, ya que desconocemos el volumen final que ocupó la solución, o en su defecto, la densidad.

Preparar una solución 0.650 m de anilina, teniendo disponibles 50 g de dicha sustancia.

No podemos partir de un volumen deseado como en el caso de la molaridad, dado que no sabemos cuál será el volumen final que adopte la solución, más bien tenemos que partir de una cantidad dada de soluto, entonces:

$$m = \frac{n}{kg} \therefore kg = \frac{n}{m} = \frac{\frac{50\,g}{93.126\,\frac{g}{mol}}}{0.650\,\frac{mol}{kg}} = 0.8260\;kg\;H_2O = 826\;g\;H_2O$$

Por lo tanto, debemos de pesar 826 g de agua (o medir 826 mL) y diluir en dicha cantidad (nótese que aquí no es necesario el aforo) los 50 g de anilina para obtener la solución 0.650 m. El volumen final no va a ser igual a 826 mL. Supongamos que una vez preparada, utilizando un densímetro observamos que nuestra solución tiene una densidad de 1.11 g/mL (es decir que por la presencia del soluto, 1 mL de solución ocupa una masa de 1.11 g). Ahora, podemos calcular su molaridad, contemplando que la masa total de la solución viene dada por la suma de las masas del soluto y el disolvente, como sigue:

$$\text{Dado que } \delta = \frac{masa}{Volumen} \therefore$$

$$Volumen = \frac{masa}{\delta} = \frac{826\,g + 50\,g}{1.11\,\frac{g}{mL}} = \frac{876\,g}{1.11\,\frac{g}{mL}} = 789.19\;mL = 0.7892\;L$$

Como podemos ver, el volumen obtenido después de haber hecho la solución (789.19 mL) es menor al volumen de agua que fue utilizado medido inicialmente para prepararla (826 mL). Ya que conocemos el volumen, procedemos a calcular M:

$$M = \frac{\frac{50\,g}{93.126\,\frac{g}{mol}}}{0.7892\;L} = 0.6803\;M$$

Que, tal como se preveía, es un valor muy diferente a la m, aun tratándose de la misma solución.

Fracción molar (X)

Utilizada más que nada cuando se tiene una mezcla de gases, sin embargo, puede aplicarse a cualquier solución. Es una magnitud adimensional y es la razón que existe entre los moles de un componente respecto a los moles totales presentes en la solución, por lo que para calcularla, habrá que sumar los moles de todas las especies que conforman la mezcla:

$$X_i = \frac{\text{Moles del componente de interés}}{\text{Moles totales de todos los componentes}}$$

Tenemos una solución gaseosa bajo condiciones NTP conformada al mezclar 4.56 L de H_2, 1.20 L de O_2 y 0.50 L de He y queremos saber la composición de la mezcla en términos de fracción molar.

$$\text{Mol } H_2 = 4.56 \, L \left(\frac{1 \text{ mol } H_2}{22.4 \, L}\right) = 0.20357 \text{ mol } H_2$$

$$\text{Mol } O_2 = 1.20 \, L \left(\frac{1 \text{ mol } O_2}{22.4 \, L}\right) = 0.05357 \text{ mol } O_2$$

$$\text{Mol He} = 0.50 \, L \left(\frac{1 \text{ mol He}}{22.4 \, L}\right) = 0.02232 \text{ mol He}$$

Moles totales $= 0.27946$ mol

$$X_{H_2} = \frac{0.20357 \text{ mol}}{0.27946 \text{ mol}} = 0.728$$

$$X_{O_2} = \frac{0.05357 \text{ mol}}{0.27946 \text{ mol}} = 0.192$$

$$X_{He} = \frac{0.02232 \text{ mol}}{0.27946 \text{ mol}} = 0.080$$

Como se puede apreciar, la suma de las fracciones molares de todos los componentes lógicamente debe sumar 1.

Unidades físicas de concentración

Composición porcentual

No es más que la relación que existe entre el soluto y el volumen de solución expresado como porcentaje. Se aplica a cualquier estado de la materia, por lo que existe el % (p/p) si ambos componentes son sólidos, % (p/v) si es un soluto sólido que se disolvió en un disolvente líquido y % (v/v) si ambos componentes son líquidos:

$$\% \ (p/p) = \frac{\text{Masa del soluto}}{\text{Masa de la solución}} \times 100\%$$

$$\% \ (p/v) = \frac{\text{Masa del soluto}}{\text{Volumen de solución}} \times 100\%$$

$$\% \ (v/v) = \frac{\text{Volumen de soluto}}{\text{Volumen de solución}} \times 100\%$$

Obsérvese que, como ocurre en el caso de la molaridad, el denominador indica volumen o masa de la solución final, no estrictamente de disolvente.

Esta unidad **expresa la cantidad de soluto que hay por cada 100 partes de solución total**, por ejemplo:

- Una solución 12 % (p/v) de glucosa contiene 12 g de glucosa por cada 100 mL de solución total.
- Una solución (aleación) con 40 % (p/p) de Fe nos indica que por cada 100 g de material, 40 g corresponden a Fe.
- Una solución al 1 % de azul de metileno en agua indica que para su preparación se utilizó 1 mL de azul de metileno puro por cada 100 mL de solución final (es decir, 99 mL de agua).

Preparar 250 mL de una solución al 0.15 % (v/v) de benceno en tetracloruro de carbono (CCl_4).

Mediante la fórmula:

$$0.15 \ \% = \frac{\text{mL soluto}}{250 \ \text{mL de solución}} \times 100\% \ \therefore \ \text{mL soluto} = \frac{(0.15 \ \cancel{\%})(250 \ \text{mL})}{100 \ \cancel{\%}}$$
$$= 0.375 \ \text{mL de benceno}$$

O mediante regla de tres simple:

0.15 mL benceno ----- 100 mL solución total

x mL de benceno ----- 250 mL de solución total

$$\text{mL benceno} = \frac{(0.15 \text{ mL})(250 \text{ mL})}{100 \text{ mL}} = 0.375 \text{ mL}$$

Por lo tanto, debemos tomar una alícuota de 0.375 mL (o 375 μL de benceno puro con una micropipeta) y aforarlo a 250 mL con CCl_4 para obtener la solución deseada.

Añadimos 2.00 mL de benceno a 150 mL de CCl_4 y queremos saber la composición porcentual de la solución resultante.

Volumen total de la solución = 2.00 mL + 150 mL = 152 mL

Por fórmula:

$$\%(v/v) = \frac{2.00 \text{ mL soluto}}{152 \text{ mL solución}} \times 100\% = 1.32\,\%$$

Por regla de tres simple:

2.00 mL benceno ----- 152 mL solución total

x mL de benceno ----- 100 mL de solución total

$$\text{mL benceno} = \frac{(2.00 \text{ mL})(100 \text{ mL})}{152 \text{ mL}} =$$

1.32 mL de benceno por cada 100 mL de solución = 1.32 %(v/v)

Partes por millón (ppm)

Se refiere al **número de partes de soluto por cada millón de partes de solución total**. Es utilizada principalmente en ciencias ambientales, debido a que es una unidad que se adapta a soluciones muy diluidas, como la presencia de contaminantes o impurezas. Como se puede apreciar en las diversas formas de calcular esta modalidad de concentración, las unidades del denominador son un millón de veces más grandes que las unidades del numerador:

$$\text{ppm} = \frac{\text{mg soluto}}{\text{Kg solución}} = \frac{\text{mg soluto}}{\text{L solución}} = \frac{\text{μg soluto}}{\text{mL solución}}$$

Nótese que la segunda y tercer forma solo son aplicables a soluciones acuosas debido a que 1 L de agua pura pesa 1 kg y al ser una solución muy diluída se puede despreciar las interacciones soluto – disolvente en el cambio del volumen final. Toma relevancia conocer que, una solución cuya concentración sea expresada como ppm siempre será 10 000 veces más pequeña en magnitud en comparación a que si la expresamos como composición porcentual y que, hablando de soluciones acuosas, 1 ppm = 1 mg/dL. Observe el siguiente ejemplo:

> Se tomó una muestra de 10.00 g de una piedra de calcita, la cual está conformada primordialmente por $CaCO_3$, y se encontraron 2.5 mg de Pb como impureza. Exprese la concentración de plomo en la piedra como ppm.

Sustituyendo en la fórmula:

$$\text{ppm} = \frac{2.5 \text{ mg}}{0.01 \text{ kg}} = 250 \text{ ppm}$$

Lo cual indica que por cada millón de partes que conforman la piedra (cada millón de mg), 250 serán de Pb. Si hubiésemos elegido la composición porcentual para expresar la concentración de la impureza:

$$\% = \frac{2.5 \cancel{\text{ mg}}}{10\,000 \cancel{\text{ mg}}} \times 100\% = 0.025\%$$

Consecutivamente, una solución con 2 ppm de cierto soluto será 0.0002 % por lo que se prefieren las ppm sobre el porcentaje en éstos casos y viceversa, por la facilidad del manejo de las cantidades.

Diluciones

Muchas veces en el laboratorio existe la necesidad de preparar soluciones diluidas a partir de soluciones concentradas, o bien, de conocer la concentración final de una solución o de un analito después de haber sido sometido a diluciones en serie. Para estas situaciones debemos tener en claro el concepto de factor de dilución y la fórmula de las diluciones:

4. Formas de expresar concentración

El factor de dilución es el número de veces que se hizo más pequeña la concentración original y se establece al dividir el volumen final entre el volumen de la alícuota[1] seleccionada. Por ejemplo, si tenemos una solución 1 M de HCl y se toma una alícuota de 10 mL para posteriormente aforarla a 50 mL, el factor de dilución será de: $50 \div 10 = 5$; por lo que la solución final se hizo 5 veces más diluida, o matemáticamente: $1 \text{ M} \div 5 = 0.2 \text{ M}$.

Por otra parte, **la fórmula de las diluciones** nos dice que al multiplicar las concentraciones (expresada en cualquier forma) y los volúmenes respectivos tanto de la solución original como de la solución final obtenemos el mismo resultado (ya que se asume que no hay pérdida de materia durante el procedimiento):

$$C_1 \times V_1 = C_2 \times V_2$$

Si aplicamos dicha fórmula a nuestro ejemplo anterior tenemos que:

$$\left(1 \frac{\text{mol}}{\text{L}}\right)(0.01 \text{ L}) = (C_2)(0.05 \text{ L}) \therefore C_2 = \frac{\left(1 \frac{\text{mol}}{\text{L}}\right)(0.01 \cancel{\text{L}})}{0.05 \cancel{\text{L}}} = 0.2 \text{ M}$$

Obsérvese que debemos de unificar unidades de medida en ambos lados de la fórmula, tanto en concentración como en volumen, no podemos colocar de un lado el volumen expresado en L y en el otro en mL, por citar un ejemplo.

Si bien ambos métodos nos llevan al mismo resultado, ¿cuándo es conveniente utilizar uno en vez del otro? La ventaja de manejar factores de dilución son las diluciones seriadas, como veremos en el siguiente ejemplo:

> De nuestra solución 1 M de HCl en primera instancia se tomó una alícuota de 12 mL para llevarla a un volumen final de 200 mL (solución A); posteriormente, de la solución A se tomaron 10 mL y se llevaron a un aforo de 100 mL para preparar la solución B y, finalmente, se tomaron 20 mL de ésta última solución para llevarla a un volumen final de 500 mL, con lo que se prepara la solución C, ¿Cuáles son las concentraciones de las soluciones A, B y C?

[1] Alícuota: Muestra o porción de solución que se toma de una solución madre para preparar otra de menor concentración o para ser sometida a análisis.

Haciendo una representación gráfica del procedimiento y calculando los factores de dilución pertinentes a cada caso tenemos:

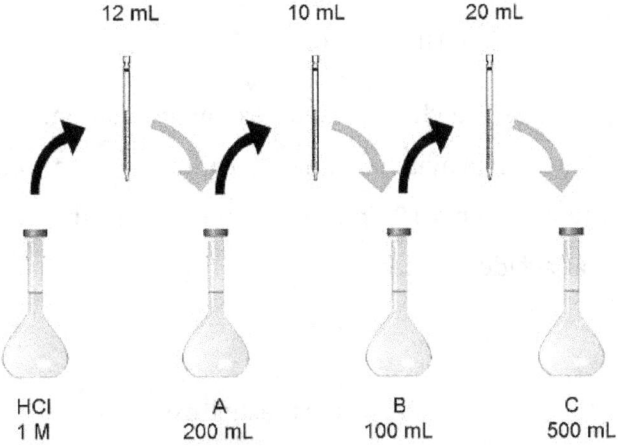

$$\text{Dilución 1} = \frac{200 \text{ mL}}{12 \text{ mL}} = 16.\overline{6} \quad \text{Dilución 2} = \frac{100 \text{ mL}}{10 \text{ mL}} = 10 \quad \text{Dilución 3} = \frac{500 \text{ mL}}{20 \text{ mL}} = 25$$

Por lo tanto, al ir dividiendo sucesivamente la concentración original entre los factores de dilución vamos obteniendo las concentraciones de cada solución, sin aplicar la fórmula de las diluciones tres veces (aunque este procedimiento también sea correcto):

$$[A] = \frac{1M}{16.\overline{6}} = 0.06 \text{ M}; \quad [B] = \frac{0.06 \text{ M}}{10} = 0.006 \text{ M}; \quad [C] = \frac{0.006 \text{ M}}{25} = 2.4 \times 10^{-4} \text{ M}$$
$$= 0.24 \text{ mM}$$

Por otra parte, la ventaja de la fórmula es que nos permite también conocer de una manera más sencilla, el procedimiento que debemos tomar para llegar a una concentración deseada.

Si la solución original de nuestro ejemplo la necesitamos a una concentración de 3.5 mM en un volumen final de 100 mL ¿cómo deberíamos proceder?

De acuerdo a la fórmula, y en el entendido de que 3.5 mM = 3.5×10^{-3} M:

$$\left(1\frac{\text{mol}}{\text{L}}\right)(V_1) = \left(3.5 \times 10^{-3}\frac{\text{mol}}{\text{L}}\right)(0.1 \text{ L}) \therefore V_1 = \frac{\left(3.5 \times 10^{-3}\frac{\text{mol}}{\text{L}}\right)(0.1 \text{ L})}{1\frac{\text{mol}}{\text{L}}}$$

$$= 3.5 \times 10^{-4} \text{ L} = 0.35 \text{ mL}$$

La interpretación a dicho resultado es que necesitamos tomar una alícuota de 0.35 mL (o 350 μL con la ayuda de una micropipeta) de la solución de HCl 1 M y después llevar este volumen a 100 mL (cuidando de no agregar agua al ácido, sino al revés, para evitar accidentes).

Problemas resueltos:

1. Se tiene ácido clorhídrico concentrando en una botella, el cual está al 99.8% de pureza y tiene una densidad de 1.17 g/mL. ¿Qué cantidad de este reactivo se deberá de tomar con el propósito de tener una alícuota con 0.500 mol de ácido?

   Planteamiento y respuesta: Calculando la molaridad del ácido concentrado:
   $$M = \frac{(99.8)(1.17)(10)}{36.46} = 32.0258 \text{ M}$$

   Dado que queremos 0.5 mol de HCl, el volumen que los contendrá viene dado por:
   $$M = \frac{n}{L} \therefore L = \frac{n}{M} = \frac{0.5 \text{ mol}}{32.0258\frac{\text{mol}}{\text{L}}} = 0.01561 \text{ L} = 15.6 \text{ mL}$$

2. Exprese la concentración de una solución de $Al_2(SO_4)_3$ al 20.0 % (p/v) con una densidad de 1.15 g/mL como:
   a. Molaridad
   b. Normalidad
   c. Molalidad

   Planteamiento y respuesta: Comenzamos como en el ejemplo anterior para conocer la molaridad:
   $$M = \frac{(20)(1.15)(10)}{342.2} = 0.672 \text{ M}$$

Para la normalidad, debemos conocer el número de Eq·fórmula en dicho compuesto. Al ser catalogado como una sal, tenemos que la suma de sus cargas es (2 × 3+ = 6+; 3 × 2− = 6−), por lo que tiene 6 equivalentes por fórmula y la normalidad de dicha solución, a partir de su molaridad es:

$$N = Eq \cdot \text{fórmula} \times M = 6 \times 0.672 = 4.03 \text{ N}$$

Hablando de molalidad, necesitamos conocer los kg de agua en los que se encuentra disuelta cierta cantidad de moles de sal. Si partimos de la molaridad, sabemos que en cada litro de solución están presentes 0.672 moles (229.96 g) de $Al_2(SO_4)_3$. Partiendo de la densidad, sabemos que 1 mL de solución total pesa 1.15 g, por lo tanto, 1000 mL de solución pesarán 1150 g (por regla de tres) y si le restamos a esta cantidad, los g correspondientes de $Al_2(SO_4)_3$ contenidos en 1 L de solución obtendremos los g de agua:

$$g\ H_2O = 1150 \text{ g} - 229.96 \text{ g} = 920.04 \text{ g} = 0.920 \text{ kg}$$

Ahora solo queda sustituir en la fórmula:

$$m = \frac{n\ \text{soluto}}{\text{kg disolvente}} = \frac{0.672 \text{ mol}}{0.920 \text{ kg}} = 0.730 \text{ m}$$

3. Se tiene una solución 0.1070 N de ácido clorhídrico y otra 0.2500 N de ácido sulfúrico. Si a partir de éstas se preparó 1.000 L de solución ácida 0.1590 N, describa el procedimiento por el cual se preparó.

   Planteamiento y respuesta: Sin importar que los H^+ provengan del HCl o del H_2SO_4, contribuyen de igual manera a la normalidad de la solución final. La pregunta está basada en encontrar los volúmenes que se tomaron de cada solución para que, mezclados, completaran 1 L de una solución con 0.1590 Eq·g/L. De aquí se concluye que la suma de dichos volúmenes deberá resultar en 1. Si nombramos como "x" al volumen de HCl y como "y" al de H_2SO_4, tenemos que:

$$x + y = 1$$

De manera análoga a con la molaridad, en donde si multiplicamos el volumen por la molaridad nos resulta el número de moles contenidos en dicho volumen, si hacemos lo mismo con la normalidad obtenemos el número de equivalentes·gramo en dicho volumen:

$$(V)(N) = Eq \cdot g$$

Por lo que, en nuestra solución final, al ser de un volumen de 1 L tenemos:

$$Eq \cdot g = (1\,L)(0.1590\,N) = 0.159$$

De lo cual se entiende que la suma de los equivalentes·gramo suministrados por cada una de las soluciones originales deberá de sumar 0.159:

$$0.107x + 0.250y = 0.159$$

Con lo que ya tenemos un sistema de ecuaciones 2 × 2, a partir del cual podemos conocer ambas incógnitas:

$$\begin{cases} x + y = 1 \\ 0.107x + 0.250y = 0.159 \end{cases}$$

Despejando x en 1 y sustituyéndolo en 2:

$$x = 1 - y \therefore 0.107(1 - y) + 0.250y = 0.159 \therefore$$

$$0.107 - 0.107y + 0.250y = 0.159 \therefore 0.143y = 0.052 \therefore y = \frac{0.052}{0.143} = 0.\overline{36}\,L$$

$$= 363.6\,mL$$

Sustituyendo este valor en 1 para obtener x:

$$x = 1 - 0.3636 = 0.6364\,L = 636.4\,L$$

Por lo que la respuesta es que se preparó mezclando 636.4 mL de solución de HCl 0.107 N con 363.6 mL de H_2SO_4 0.250 N. Podemos realizar una comprobación de los resultados que obtuvimos de la siguiente manera: Visual o mentalmente podemos corroborar fácilmente que ambos volúmenes suman 1 L pero, ¿en realidad se obtiene la concentración deseada?

$$N = \frac{\left(0.6364\,\cancel{L} \times 0.107\,\frac{Eq \cdot g}{\cancel{L}}\right) + \left(0.3636\,\cancel{L} \times 0.250\,\frac{Eq \cdot g}{\cancel{L}}\right)}{1\,L} = 0.159\,N$$

4. Formas de expresar concentración

Problemas complementarios:

1. ¿Cuántos gramos de dextrosa se deben pesar para preparar 420 mL de una solución al 8.00 %?
2. El vinagre es una disolución de ácido acético en agua. Cierto vinagre tiene una concentración de 1.3 % en volumen, ¿cuántos mL en 600 mL de vinagre corresponden a ácido acético?
3. Se tiene una solución de fosfato de sodio al 0.01 M. ¿Cuántos mililitros de éste material se deberán tomar para obtener una alícuota con 2.5 mmol de fosfato de sodio?
4. ¿Cuántos gramos de amoniaco hay en 2.50 L de solución 1.40 M?
5. ¿Qué volumen de solución se necesita para obtener 0.0650 g de arsénico a partir de una solución 0.0180 M de ácido arsénico?
6. Se tiene una solución acuosa de ácido sulfúrico 3.00 M con una densidad de 1.20 g/cm^3 ¿Cuántos gramos de agua hay en un litro de éste ácido?
7. Una barra de 12.0 g de cobre se disuelve totalmente en 500 mL de ácido sulfúrico ¿cuál será la concentración de iones Cu^{2+} en ésta solución?
8. Exprese la concentración de una solución de hidróxido de calcio 0.0350 M en:
    a. N
    b. ppm
    c. % (p/v)
    d. ¿Cuántos mmol están presentes en 10.0 mL de solución?
9. Se tiene una solución de ácido fosfórico al 60.0 % en peso y con una densidad de 1.42 g/mL. Calcule:
    a. M
    b. N
    c. m
10. Calcule la molaridad, normalidad y %(p/v) de una solución hecha al pesar 0.0250 g de hidruro de litio y llevarlos a la marca de aforo de 50.0 mL.
11. ¿Cuántos gramos de hidróxido de sodio se necesitan para preparar 100 mL de una solución 0.100 M?

12. Complete la siguiente tabla a partir de los datos proporcionados:

Soluto	Masa de soluto (g)	Moles de soluto	Volumen de solución	M	N
KNO_3	50.0			1.20	
H_2S			12.0 L		0.100
$CuSO_4$		1.05		0.750	
$Ba(OH)_2$	32.5		500 mL		

13. Describa cómo prepararía 250 mL de una solución 0.500 M de ácido sulfúrico a partir de una solución madre 1.00 M

14. Describa cómo prepararía 500 mL de una solución 0.372 N de hidróxido de potasio a partir de una solución madre 10.0 N

15. Describa cómo prepararía 1000 ml de una solución 0.750 N de fosfato de calcio a partir de una solución stock de dicho compuesto con una densidad de 1.38 g/mL y una pureza del 65.0 %.

16. Describa como prepararía 200 mL de una solución de cierto péptido con masa molar de 218 g/mol que contenga 150 ppm.

17. A partir de un material (A) con 40.00 % de titanio y de otro (B) que contiene 14.00 % del mismo metal, se requiere preparar 10.00 kg de una mezcla cuyo porcentaje en peso respecto al titanio sea del 20.00%. ¿En que proporciones deben de mezclarse dichos materiales?

18. Se tienen 650 g de una solución al 25.0 % en masa de glicerina en agua. Calcule los gramos de esta solución que se deben retirar y reemplazar por una solución al 75.0 % en masa de glicerina para obtener 650 g de solución al 35.0 % en masa de glicerina.

19. ¿Cuál es la densidad del SO_2 al estar a 25°C y 300 mmHg? (Considere un comportamiento ideal).

20. Calcular la normalidad que resulta al mezclar 2.500 L de una solución 0.2000 N con 1.300 L de solución 0.1500 N del mismo compuesto.

21. ¿Qué normalidad como ácido tendrá una solución que se obtiene al mezclar 250.0 ml de una solución 0.2000 N de ácido sulfúrico con 300.0 ml de una solución que tiene 3.500 g/L de ácido clorhídrico?

4. Formas de expresar concentración

22. ¿Qué volumen de una solución de ácido sulfúrico 0.550 N deberá agregarse a 1.00 L de otra del mismo compuesto pero con normalidad de 0.350 N para que resulte una solución 0.400 N?

23. Se disuelven en 10.00 mL de agua 0.2300 g de cloruro de sodio y 11.18 g de cloruro de potasio. Calcule la fracción molar de cada uno de los componentes, incluyendo al agua.

24. Calcular los gramos que se necesitan para preparar 200 mL de una solución 0.100 M de los siguientes solutos:
    a. Yoduro de cesio
    b. Bicarbonato de sodio
    c. Sal de Mohr
    d. Óxido plumboso-plúmbico

25. Calcule el % en peso de:
    a. 40.0 g de hidróxido de potasio en 2.00 L de agua
    b. 15.0 g de bicarbonato de sodio en 1.50 L de agua
    c. 20.0 g de carbonato de sodio en 0.150 L de solución

26. Una solución de sulfato de sodio 1.25×10^{-3} M se obtuvo con 5.00 mL de una solución A aforándola a 50.0 mL. Dicha solución A fue el resultado de 100 mL de una solución B aforados a 500 mL. Para preparar B se tomaron 5.00 mL de C aforados a 20.0 mL. ¿Cuántos gramos de Na_2SO_4 había en la alícuota que se tomó de C para preparar B? Adicionalmente exprese las concentraciones de las soluciones A, B y C en Molaridad, normalidad y % (p/v).

27. Se pesaron 6.881 g de nitrato de plata y se aforó a 1.00 L con agua (solución A). 5.00 mL de dicha solución se transfieren a un matraz aforado de 250 mL y se diluye con agua hasta la marca de aforo, con lo que se obtiene B. Se toman 10.0 mL de B y se aforan a 200 mL, obteniéndose C. Calcule la concentración de todas las soluciones como nitrato de plata en M y como $[Ag^+]$ en g/mL.

4. Formas de expresar concentración

Capítulo 5. Estequiometría

La estequiometría es el estudio de las relaciones cuantitativas entre reactivos y productos en las reacciones químicas, siendo la base de todo análisis químico cuantitativo sin importar su naturaleza. En base a dichas relaciones es posible conocer la cantidad de productos formados a partir de cierta cantidad de reactivos y viceversa, la cantidad necesaria de reactivos para obtener una cantidad determinada de producto.

Relaciones mol – mol, mol – masa y masa - masa

Partiendo de una ecuación balanceada, podemos establecer las relaciones o equivalencias entre especies químicas. Obviamente, en reacciones en donde no hace falta balanceo, es decir, aquellas en que los coeficientes de todos los reactivos y productos sea 1, querrá decir que dichas relaciones serán 1:1 en cualquier dirección. Por ejemplo, en la siguiente reacción:

$$NH_3 + HCl \rightarrow NH_4Cl$$

Un mol de amoniaco reacciona con un mol de ácido clorhídrico para producir 1 mol de cloruro de amonio.

Pero considérese ahora la formación del sulfuro de aluminio a partir de azufre rómbico:

$$16Al + 3S_8 \rightarrow 8Al_2S_3$$

Se asevera que:

- 16 moles de Al producen (equivalen a) 8 moles de Al_2S_3
- 16 moles de Al reaccionan con (equivalen a) 3 moles de S_8
- 3 moles de S_8 producen (equivalen a) 8 moles de Al_2S_3

Por lo tanto, si partimos de 1 mol de Al y tenemos suficiente cantidad de S_8, los moles producidos de Al_2S_3 serán:

$$1 \text{ mol Al}\left(\frac{8 \text{ mol Al}_2\text{S}_3}{16 \text{ mol Al}}\right) = 0.5 \text{ mol Al}_2\text{S}_3$$

De manera inversa, si en la reacción sabemos que obtuvimos 1 mol de Al_2S_3 y se contó con Al en exceso, para saber el número de moles de S_8 a partir de la cual se obtuvo dicha cantidad de producto, diríamos:

$$1 \text{ mol Al}_2\text{S}_3\left(\frac{3 \text{ mol S}_8}{8 \text{ mol Al}_2\text{S}_3}\right) = 0.375 \text{ mol S}_8$$

Si en vez de moles, nos interesa expresar los resultados en gramos, bien podemos calcularlo con una operación aparte, o más cómodamente, en la misma secuencia de factor unitario:

$$1 \text{ mol Al}\left(\frac{8 \text{ mol Al}_2\text{S}_3}{16 \text{ mol Al}}\right)\left(\frac{150.2 \text{ g Al}_2\text{S}_3}{1 \text{ mol Al}_2\text{S}_3}\right) = 75.1 \text{ g Al}_2\text{S}_3$$

$$1 \text{ mol Al}_2\text{S}_3\left(\frac{3 \text{ mol S}_8}{8 \text{ mol Al}_2\text{S}_3}\right)\left(\frac{256.6 \text{ g S}_8}{1 \text{ mol S}_8}\right) = 96.225 \text{ g S}_8$$

Todo lo anteriormente expuesto se cumple en el supuesto de que la reacción sea cuantitativa, con un **rendimiento de reacción** del 100%. Sin embargo, esto no siempre se alcanza y habrá que prestar atención al planteamiento del problema o a nuestros datos experimentales para saber si aplicar una corrección acorde al rendimiento. Consideremos la siguiente situación para comprender este concepto:

Bajo ciertas condiciones obtenemos un 92.00 % de rendimiento en la producción de sulfuro de aluminio, lo cual quiere decir que, de cada 100 g teóricamente posibles de obtener de producto, solo obtendremos 92 g en la práctica, o bien, que de cada 100 g de reactivo, solo reaccionarán 92 g, por lo que tenemos que:

$$1 \text{ mol Al}\left(\frac{8 \text{ mol Al}_2\text{S}_3}{16 \text{ mol Al}}\right)\left(\frac{150.2 \text{ g Al}_2\text{S}_3}{1 \text{ mol Al}_2\text{S}_3}\right)\left(\frac{92\%}{100\%}\right) = 69.092 \text{ g Al}_2\text{S}_3$$

$$1 \text{ mol Al}_2\text{S}_3\left(\frac{3 \text{ mol S}_8}{8 \text{ mol Al}_2\text{S}_3}\right)\left(\frac{256.6 \text{ g S}_8}{1 \text{ mol S}_8}\right)\left(\frac{100\%}{92\%}\right) = 104.59 \text{ g S}_8$$

Obsérvese que de igual manera puede llegarse a estos resultados por medio de una regla de tres simple y que de optar por el factor unitario, debemos tener cuidado al decidir el lugar que ocupará en el cociente el 100% y el rendimiento real dependiendo si estamos evaluando la producción de producto (en el primer caso) o la cantidad necesaria de reactivo (segundo caso). Podemos validar nuestros resultados fácilmente en el entendido de que, al ser un rendimiento inferior al 100 %, es lógico pensar que el producto obtenido (69.092 g) sea menor en comparación a una situación con 100% de rendimiento (75.1 g) y que sea necesario más reactivo (104.59 g S_8) que el necesario si hubiera un 100 % de rendimiento (96.225 g).

Relaciones mol – volumen y masa – volumen

Cuando tratamos con elementos o compuestos en fase gaseosa, tenemos que considerar que, suponiendo un comportamiento ideal, **1 mol de cualquier gas independientemente de su fórmula, ocupará un volumen de 22.4 L** siempre y cuando se preserven condiciones normales de temperatura y presión (condiciones NTP), es decir, cuando la presión sea de 1 atm y la temperatura de 25°C (298.15 K). En casos en que estas condiciones no se cumplan, podemos utilizar la ecuación del gas ideal para obtener el volumen a partir del número de moles y viceversa.

$$PV = nRT \therefore V = \frac{nRT}{P} \therefore n = \frac{PV}{RT}$$

Donde

P: Presión en atm V: Volumen en L n: Número de moles
R: Constante de los gases= 0.082057 L · atm/mol · K T: Temperatura en K

Los casos de gases con una desviación respecto al comportamiento ideal, debido a su complejidad escapan del alcance del presente texto y se refiere al lector a tratados de fisicoquímica que aborden dicho tema en caso de ser necesario.

Si tenemos la siguiente reacción:

$$NO_{(g)} + O_{3(g)} \rightarrow NO_{2(g)} + O_{2(g)}$$

Y partimos de 0.135 mol de monóxido de nitrógeno en presencia de suficiente ozono bajo condiciones NTP, para saber el volumen que se obtendrá de dióxido de nitrógeno tenemos:

$$0.135 \; \cancel{\text{mol NO}} \left(\frac{1 \; \cancel{\text{mol NO}_2}}{1 \; \cancel{\text{mol NO}}} \right) \left(\frac{22.4 \; L}{1 \; \cancel{\text{mol NO}_2}} \right) = 3.024 \; L \; NO_2$$

Tenemos la descomposición del fosfano (PH_3) como se establece en la siguiente ecuación y necesitamos saber la cantidad en gramos que se obtendrán de gas hidrógeno al descomponer 0.500 L de reactivo cuando la temperatura es de 300 °C y la presión es 900 mmHg (ya que, de lo contrario, la reacción no ocurre u obtendríamos bajo rendimiento):

$$PH_{3(g)} \rightarrow P_{4(g)} + H_{2(g)}$$

Antes que nada, tendremos que revisar si la ecuación está balanceada, lo cual no es el caso. Al balancear por tanteo tenemos:

$$4PH_{3(g)} \rightarrow P_{4(g)} + 6H_{2(g)}$$

En segunda instancia, es de relevancia la conversión de unidades para que podamos utilizar las ecuaciones de los gases. Una gran cantidad de errores en este tipo de problemas radican en que el estudiante utiliza unidades de presión que no son atm y unidades de temperatura que no sean K al aplicar dichas fórmulas. Realizando las conversiones apropiadas:

$$P = \frac{900 \; mmHg}{760} = 1.1842 \; atm \qquad T = 293.15 + 300°C = 593.15 \; K$$

Con estos datos, procedemos a calcular el número de moles de fosfano que se descompondrán (es decir, el equivalente a 0.500 L de dicho gas), ya que no podemos establecer la relación directa de 1 mol = 22.4 L dado que no se cumplen las condiciones NTP. De acuerdo a la ecuación del gas ideal:

$$n = \frac{(1.1842 \; \cancel{atm})(0.5 \; \cancel{L})}{\left(0.082057 \; \frac{\cancel{L} \cdot \cancel{atm}}{mol \cdot \cancel{K}} \right)(593.15 \; \cancel{K})} = 1.2165 \times 10^{-2} \; mol \; PH_3$$

A partir de esta cantidad y de acuerdo a nuestra reacción balanceada y la masa molar del hidrógeno molecular tenemos:

$$1.2165 \times 10^{-2} \text{ mol PH}_3 \left(\frac{6 \text{ mol H}_2}{4 \text{ mol PH}_3}\right)\left(\frac{2.016 \text{ g H}_2}{1 \text{ mol H}_2}\right) = 3.68 \times 10^{-2} \text{ g H}_2$$

Si quisiéramos saber el volumen que ocupará esa cantidad de hidrógeno (lo cual es más práctico al manejar especies gaseosas) dejaríamos el factor unitario sin llegar a gramos para que nos dé moles de H_2 como resultado y, posteriormente a través de la ecuación de los gases ideales, convertir dicha cantidad de moles a litros:

$$1.2165 \times 10^{-2} \text{ mol PH}_3 \left(\frac{6 \text{ mol H}_2}{4 \text{ mol PH}_3}\right) = 1.8248 \times 10^{-2} \text{ mol H}_2$$

$$V = \frac{nRT}{P} = \frac{(1.8248 \times 10^{-2} \text{ mol})\left(0.082057 \frac{\text{L} \cdot \text{atm}}{\text{mol} \cdot \text{K}}\right)(593.15 \text{ K})}{1.1842 \text{ atm}} = 0.750 \text{ L H}_2$$

Reactivo limitante

Hasta el momento se han considerado reacciones químicas con un solo reactivo y, en caso de haber dos, se ha dicho que se suponga que hay exceso o suficiente cantidad del otro reactivo. No obstante, hay ocasiones en que esto no es así y habrá que identificar al **reactivo limitante**, es decir, aquel reactivo que está en menor cantidad estequiométrica con respecto al otro u otros y que por consiguiente, **limitará la formación de los productos y el consumo de los demás reactivos**. Para identificarlo, necesitaremos las cantidades iniciales de reactivos y la ecuación balanceada.

Tenemos la siguiente ecuación, en donde partimos de 10.00 g de aluminio metálico y 15.00 g de NaOH disueltos, y queremos saber cuánto obtendremos de productos:

$$Al_{(s)} + NaOH_{(ac)} \rightarrow Na_3AlO_{3(ac)} + H_{2(g)}$$

Al balancear por redox:

$$2Al_{(s)} + 6NaOH_{(ac)} \rightarrow 2Na_3AlO_{3(ac)} + 3H_{2(g)}$$

A este nivel, no tenemos la certeza sobre a partir de quién se harán las relaciones estequiométricas, si con respecto al Al o al NaOH, dado que ninguno se encuentra en exceso para que el otro reaccione en su totalidad, por lo que deberemos de establecer quién es el reactivo limitante. Para esto, primero calculamos el número de moles con el que contamos de cada reactivo:

$$n = \frac{10.00 \text{ g Al}}{26.98 \frac{g}{mol}} = 0.3706 \text{ mol Al}$$

$$n = \frac{15.00 \text{ g NaOH}}{40.00 \frac{g}{mol}} = 0.3750 \text{ mol NaOH}$$

Resulta obvio pensar que aquel reactivo del que tengamos una cantidad menor de moles sea el reactivo limitante (en este caso, el Al) y esto es cierto en ecuaciones cuyos coeficientes estequiométricos de ambos reactivos sean 1; cuando no es así, el número de moles obtenidos en el paso anterior se divide entre el coeficiente estequiométrico correspondiente de acuerdo con la ecuación balanceada. En nuestro caso:

$$Al: \frac{0.3706}{2} = 0.1853 \qquad NaOH: \frac{0.3750}{6} = \mathbf{0.0625}$$

Por lo que se establece que el reactivo limitante es el NaOH y que todos los consecuentes cálculos se determinarán con respecto a él. Por consiguiente, la cantidad de productos formados (considerando un 100 % de rendimiento) es:

$$0.3750 \text{ mol NaOH} \left(\frac{2 \text{ mol Na}_3AlO_3}{6 \text{ mol NaOH}}\right)\left(\frac{144.0 \text{ g Na}_3AlO_3}{1 \text{ mol Na}_3AlO_3}\right) = 18.00 \text{ g Na}_3AlO_3$$

$$0.3750 \text{ mol NaOH} \left(\frac{3 \text{ mol H}_2}{6 \text{ mol NaOH}}\right)\left(\frac{2.016 \text{ g H}_2}{1 \text{ mol H}_2}\right) = 0.3780 \text{ g H}_2$$

Dado que no se establecen las condiciones ambientales, no podemos expresar la cantidad de gas hidrógeno formado en litros, solo en gramos.

Análisis gravimétrico y volumétrico

El análisis químico cuantitativo se divide a grandes rasgos en técnicas gravimétricas, volumétricas e instrumentales. La gravimetría se refiere al uso de reacciones químicas, muchas veces de manera concatenada, con el fin último de establecer la composición original de una muestra desconocida a partir de la cantidad de producto obtenido. Como su nombre lo indica, se basa en la medición de la masa y tiene aplicaciones principalmente en minería, sin embargo, es posible utilizar sus principios para los procesos industriales, análisis de aguas residuales, cuantificación de elementos traza en alimentos, y muchas otras aplicaciones más.

Es de suma importancia el correcto planteamiento de las reacciones que ocurren, ya que, en la mayoría de los casos, el problema nos lo presentan de manera descriptiva y no como una serie de reacciones propiamente dicha. Es más, algunas veces ni siquiera nos mencionan el tipo de reacciones utilizadas, por lo que debemos suponer que la totalidad del elemento o compuesto en cuestión proviene de la muestra original y no de manipulaciones externas. Veamos uno ejemplo:

> Necesitamos determinar el % de óxido de zinc que tiene un mineral, por lo que se utilizan 1.50 g de muestra y el zinc se analiza gravimétricamente obteniéndose 990 mg de pirofosfato de zinc. ¿Qué porcentaje de óxido de zinc tiene el mineral analizado?

Mineral que contiene tanto ZnO como impurezas | Muestra de 1.50 g | 990 mg de $Zn_2P_2O_7$

Éste es un ejemplo de una situación donde no nos aclaran qué método o que reacciones fueron utilizadas, solamente mencionan que "gravimétricamente" se obtuvo pirofosfato de zinc ($Zn_2P_2O_7$), por lo que se asume que la totalidad del Zn contenido en el $Zn_2P_2O_7$ obtenido del análisis proviene del zinc contenido en forma de ZnO en el mineral original. Por lo tanto, se realiza la siguiente relación estequiométrica:

$$\text{mg ZnO} = 990 \text{ mg Zn}_2\text{P}_2\text{O}_7 \left(\frac{1 \text{ mmol Zn}_2\text{P}_2\text{O}_7}{304.7 \text{ mg Zn}_2\text{P}_2\text{O}_7}\right)\left(\frac{2 \text{ mmol Zn}}{1 \text{ mmol Zn}_2\text{P}_2\text{O}_7}\right)\left(\frac{1 \text{ mmol ZnO}}{1 \text{ mmol Zn}}\right)$$

$$\left(\frac{81.39 \text{ mg ZnO}}{1 \text{ mmol ZnO}}\right) = 528.8881 \text{ mg ZnO}$$

Esto quiere decir que 990 mg de $Zn_2P_2O_7$ provienen estequiométricamente de 528.8881 mg de ZnO, el cual a su vez estaba contenido en una muestra de 1.5 g de mineral (el 100 % del peso), por lo que, al plantear y resolver una regla de 3 simple, obtenemos la composición porcentual del mineral respecto al ZnO:

$$1500 \text{ mg} \text{------} 100\%$$

$$528.8881 \text{ mg} \text{------} x \%$$

$$x \% = \frac{(528.8881 \text{ mg})(100\%)}{1500 \text{ mg}} = 35.2592 \% = 35.3\%$$

El análisis gravimétrico se auxilia muchas veces en diversas técnicas volumétricas, las cuales hacen referencia a aquellas técnicas que se basan en la medición de los volúmenes utilizados de soluciones estandarizadas dentro de una reacción química, dentro de las cuales, algunas de las más importantes son la yodometría y la permanganimetría.

La yodometría se basa en la oxidación del ión yoduro a yodo molecular por un agente oxidante en una primera etapa, siendo el agente oxidante nuestro compuesto de interés (analito) y, en una segunda, el consumo del yodo molecular previamente producido con una solución valorante de tiosulfato en una reacción redox, monitorizada con almidón como indicador de culminación de reacción al observar un cambio de coloración. Ésta técnica se describe en la siguiente secuencia de reacciones:

$$\text{Oxidante} + I^- \rightarrow \text{Oxidante reducido} + I_2 \text{ (medio ácido)}$$

$$I_2 + 2S_2O_3^{2-} \rightarrow 2I^- + S_4O_6^{2-} \text{ (medio ácido)}$$

El siguiente ejemplo nos muestra como es utilizada la yodometría para el análisis cuantitativo:

> Para analizar el contenido de óxido arsénico en un producto industrial se utilizan 5.00 g de muestra y el arsénico se analiza yodométricamente como sigue: La muestra se disuelve en ácido y se le agrega yoduro de potasio en exceso, con lo cual el arsénico se reduce a As^{3+} y se libera una cantidad equivalente de yodo molecular. Si el yodo liberado equivale estequiométricamente a 18.3 mL de una solución 0.040 M de tiosulfato de sodio, ¿Qué cantidad de óxido arsénico estaban contenidos en los 5.00 g de muestra?

Aquí nos describen el procedimiento analítico en concreto, la yodometría, aunque no nos describen la totalidad de detalles. Empezamos escribiendo las reacciones en el orden en la que se llevaron a cabo, dado que es una reacción redox en medio ácido, debemos ignorar iones espectadores como el K^+:

$$As_2O_5 + I^- \rightarrow As^{3+} + I_2 \text{ (en medio ácido)}$$

$$I_2 + S_2O_3^{2-} \rightarrow I^- + S_4O_6^{2-} \text{ (en medio ácido)}$$

Al balancear por el método de ión – electrón ambas ecuaciones obtenemos:

$$10H^+ + As_2O_5 + 4I^- \rightarrow 2As^{3+} + 2I_2 + 5H_2O$$

$$I_2 + 2S_2O_3^{2-} \rightarrow 2I^- + S_4O_6^{2-}$$

En donde, de acuerdo al problema, el I_2 liberado en la primera reacción equivale estequiométricamente a 18.3 mL de una solución 0.040 M de tiosulfato de sodio, lo cual se puede representar como:

$$I_2 \quad + \quad 2S_2O_3^{2-} \rightarrow 2I^- \quad + \quad S_4O_6^{2-}$$

Volumen		18.3 mL
Concentración		0.040 M
mmoles	0.366	0.732

El número de mmoles de tiosulfato gastados en la reacción se dividió entre 2 para obtener los mmoles de I_2 con los cuales reaccionó por los coeficientes estequiométricos de ambos reactivos. Ahora ya conocemos la cantidad de milimoles liberados de I_2 en la primera reacción, por lo que podemos establecer una relación estequiométrica entre dicha cantidad de I_2 y la cantidad de óxido arsénico, que es el analito de interés:

$$0.366 \; \cancel{\text{mmol } I_2} \left(\frac{1 \; \cancel{\text{mmol As}_2O_5}}{2 \; \cancel{\text{mmol } I_2}}\right)\left(\frac{229.8 \text{ mg As}_2O_5}{1 \; \cancel{\text{mmol As}_2O_5}}\right) = 42.0534 \text{ mg As}_2O_5$$

$$= 42.1 \text{ mg As}_2O_5$$

Por otra parte, en la permanganimetría, el permanganato de potasio sirve como agente oxidante sobre una especie reductora (analito) y la llegada al punto final es monitorizado sin la necesidad de otra sustancia, dado que el anión MnO_4^-, que en solución adopta un color morado intenso, pasa a Mn^{2+}, de color rosa pálido) de acuerdo con la siguiente semirreacción:

$$MnO_{4(ac)}^- + 8H_{(ac)}^+ + 5e^- \rightarrow Mn_{(ac)}^{2+} + 4H_2O_{(l)}$$

Problemas resueltos

1. Si de 500.0 mg de alamosita ($PbSiO_3$) se lograra extraer un 30.00 % del plomo que contiene, ¿cuantos serían los mg de plomo obtenido?

   Planteamiento y respuesta: El proceso no involucra una reacción o secuencia de reacciones en específico, simplemente hay que determinar el plomo contenido en 500 g de dicho mineral para posteriormente, mediante una regla de 3, saber cuál es el 30 % de dicha cantidad:

$$500 \text{ mg PbSiO}_3 \left(\frac{1 \text{ mmol PbSiO}_3}{283.3 \text{ mg PbSiO}_3}\right)\left(\frac{1 \text{ mmol Pb}}{1 \text{ mmol PbSiO}_3}\right)\left(\frac{207.2 \text{ mg Pb}}{1 \text{ mmol Pb}}\right)$$

$$= 365.69 \text{ mg Pb}$$

Lo anterior, en el caso de extraer el 100 % de Pb, por lo que el 30 % estará dado por:

$$365.69 \text{ mg} \text{-----} 100 \%$$
$$x \text{ mg} \text{-----} 30 \%$$

$$x \text{ mg} = \frac{(365.69 \text{ mg})(30 \text{ \%})}{100 \text{ \%}} = 109.7 \text{ mg Pb}$$

2. Una solución que contiene cloruro de calcio se analiza de la siguiente forma: Una muestra de 150.0 mL se trata con una solución de oxalato de potasio y, en esas condiciones, se precipita el calcio cuantitativamente como oxalato de calcio. El precipitado se filtra, se lava y finalmente se hace reaccionar en medio ácido con una cantidad de permanganato de potasio suficiente para que todo el oxalato se transforme en dióxido de carbono, el cual se recolectó en un volumen de 400.0 mL, ejerciendo una presión de 585 mmHg a 25.0°C. ¿Qué concentración en molaridad tiene la solución original?

Planteamiento y respuesta: Realizando un esquema preliminar de las reacciones que tuvieron lugar según los principios de la permanganimetría:

$$CaCl_2 + K_2C_2O_4 \rightarrow CaC_2O_4 + KCl$$

$$C_2O_4^{2-} + MnO_4^- \rightarrow Mn^{2+} + CO_2 \text{ (medio ácido)}$$

Balanceando las ecuaciones, la primera por tanteo y la segunda por ión – electrón:

$$CaCl_2 + K_2C_2O_4 \rightarrow CaC_2O_4 + 2KCl$$

$$16H^+ + 5C_2O_4^{2-} + 2MnO_4^- \rightarrow 2Mn^{2+} + 10CO_2 + 8H_2O$$

El único dato que nos da el problema son las mediciones que se realizaron en el CO_2 liberado en forma gaseosa, por lo que de ahí partiremos retrospectivamente a fin de llegar al número de milimoles de $CaCl_2$ que estaban contenidos en los 150.0 mL originales y así poder calcular la molaridad:

$$n = \frac{(\frac{585}{760} \text{ atm})(0.4 \text{ L})}{(0.082057 \frac{\text{L} \cdot \text{atm}}{\text{mol} \cdot \text{K}})(298.15 \text{ K})} = 0.01258 \text{ mol } CO_2$$

$$0.01258 \text{ mol } CO_2 \left(\frac{5 \text{ mol } C_2O_4^{2-}}{10 \text{ mol } CO_2}\right)\left(\frac{1 \text{ mol } CaCl_2}{1 \text{ mol } C_2O_4^{2-}}\right) = 6.2925 \times 10^{-3} \text{ mol } CaCl_2$$

$$= 6.2925 \text{ mmol } CaCl_2$$

$$M = \frac{6.2925 \text{ mmol CaCl}_2}{150 \text{ mL}} = 0.0419 \text{ M}$$

3. ¿Cuánto pirofosfato de magnesio se puede formar partiendo del magnesio contenido en 250.0 mg de una mezcla formada únicamente por cloruro de magnesio y cloruro de estroncio con una composición porcentual de 64.00 % de cloruro?

   Planteamiento y respuesta: Por último tenemos éste problema de alto nivel de complejidad. Como se puede apreciar, no nos mencionan la cantidad de $MgCl_2$ del que partimos para producir $Mg_2P_2O_7$, como venía siendo costumbre en todos los demás problemas. En vez de eso, la única pista que tenemos es que la muestra original tiene 64.00 % de cloro, repartido entre $MgCl_2$ y $SrCl_2$. Desconocemos cuál es la proporción en masa **entre** los dos compuestos, sin embargo, la proporción en masa **dentro** de cada compuesto siempre será la misma (porque la fórmula no cambia); por lo que, similar a cuando se habla de fórmula mínima, se puede determinar una relación porcentual de los elementos que conforman un compuesto, dividiendo su masa molar entre la del compuesto para conocer el porcentaje de cloro que hay en cada compuesto:

   $MgCl_2$ Masa molar = 95.21 g/mol

   $$\%Mg = \frac{24.31 \text{ g/mol}}{95.21 \text{ g/mol}} \times 100\% = 25.53 \%$$

   $$\%Cl = \frac{2 \times 35.45 \text{ g/mol}}{95.21 \text{ g/mol}} \times 100\% = 74.47 \%$$

   $SrCl_2$ Masa molar = 158.5 g/mol

   $$\%Sr = \frac{87.62 \text{ g/mol}}{158.5 \text{ g/mol}} \times 100\% = 55.28 \%$$

   $$\%Cl = \frac{2 \times 35.45 \text{ g/mol}}{158.5 \text{ g/mol}} = 44.73 \%$$

Esto quiere decir que, sin importar la masa que tengamos de cada compuesto, de cada 100 g de $MgCl_2$, 74.47 g serán de Cl y de cada 100 g de $SrCl_2$, 44.73 g serán de Cl.

Sabemos que la suma de ambos compuestos nos debe de dar 250.0, que es la masa total de la muestra al ser los únicos componentes de ésta. Denominando a la masa en mg del $MgCl_2$ como "x" y a la masa igualmente en mg del $SrCl_2$ como "y":

$$x + y = 250$$

Tenemos dos incógnitas y, como ya sabemos, debemos buscar entre los datos que poseemos para establecer otra ecuación con las mismas incógnitas para poder resolverlas como un sistema de ecuaciones 2 × 2. Respecto al cloro, sabemos que el cloro combinado entre los dos compuestos sumará el 64 % de la mezcla original, la cual pesó 250 mg (el 64 % de 250 mg es 160 mg), pero ahora, ¿cómo relacionar el porcentaje de Cl en cada compuesto con esos 160 mg totales de Cl? Si para el $MgCl_2$ tenemos que de la masa total, el 74.47 % es Cl, entonces 0.7447x será la masa en gramos de cloro proveniente del $MgCl_2$, y 0.4473y será la masa en gramos de cloro proveniente del $SrCl_2$, ya que:

$$100 \text{ g } MgCl_2 \text{ ----- } 74.47 \text{ g Cl}$$
$$x \text{ g } MgCl_2 \text{ ----- } \text{¿? g Cl}$$

$$\text{¿? g Cl} = \frac{(74.47 \text{ g Cl})(x \text{ g } MgCl_2)}{100 \text{ g } MgCl_2} = \frac{74.47}{100} x \text{ g } MgCl_2 = 0.7447 x \text{ g } MgCl_2$$

$$100 \text{ g } SrCl_2 \text{ ----- } 44.73 \text{ g Cl}$$
$$x \text{ g } SrCl_2 \text{ ----- } \text{¿? g Cl}$$

$$\text{¿? g Cl} = \frac{(44.73 \text{ g Cl})(x \text{ g } SrCl_2)}{100 \text{ g } MgCl_2} = \frac{44.73}{100} x \text{ g } SrCl_2 = 0.4473 x \text{ g } SrCl_2$$

Por lo que:

$$0.7447x + 0.4473y = 160$$

Con lo que ya se encuentra completo nuestro sistema de ecuaciones lineales:

$$\begin{cases} x + y = 250 \\ 0.7447x + 0.4473y = 160 \end{cases}$$

Despejando y en la primera ecuación y posteriormente sustituyendo dicho valor en la segunda:

$$y = 250 - x \therefore 0.7447x + 0.4473(250 - x) = 160 \therefore$$

$$0.7447x + 111.825 - 0.4473x = 160 \therefore 0.2974x = 160 - 111.825 \therefore$$

$$y = \frac{48.175}{0.2974} = 161.9872 \text{ mg MgCl}_2$$

Que es la cantidad de $MgCl_2$ en la mezcla original. Hemos terminado lo más difícil, ahora solo basta establecer la relación estequiométrica entre $MgCl_2$ y $Mg_2P_2O_7$, basándonos en el Mg como elemento en común:

$$161.9872 \text{ mg MgCl}_2 \left(\frac{1 \text{ mmol MgCl}_2}{95.21 \text{ mg MgCl}_2}\right)\left(\frac{1 \text{ mmol Mg}}{1 \text{ mmol MgCl}_2}\right)\left(\frac{1 \text{ mmol Mg}_2\text{P}_2\text{O}_7}{2 \text{ mmol Mg}}\right)$$

$$\left(\frac{222.6 \text{ mg Mg}_2\text{P}_2\text{O}_7}{1 \text{ mmol Mg}_2\text{P}_2\text{O}_7}\right) = 189.4 \text{ mg Mg}_2\text{P}_2\text{O}_7$$

Problemas complementarios

1. Un átomo de un elemento desconocido tiene 1.7951×10^{-23} g de masa ¿de qué elemento se trata?

2. ¿Cuántos átomos de oxígeno hay en 10.00 g de sulfato de amonio?

3. Un mineral que posee 0.100 % de oro se somete a un procedimiento de extracción, gracias al cual se logró extraer el 80.0 % del oro total de una muestra de 500 g de dicho mineral. ¿Cuántos moles de oro se han obtenido?

4. ¿Qué masa de CO_2 se produce en la combustión completa de 100 g de pentano?

5. Se ha utilizado "cal" $Ca(OH)_2$ para neutralizar los efectos de la lluvia ácida en algunos lagos. Si el ácido causante de éste fenómeno es el sulfúrico, ¿qué cantidad de cal se requiere para neutralizar estequiométricamente 23.0 toneladas de ácido, suponiendo un 100 % de pureza?

6. ¿Cuántos gramos de zinc se requieren para producir 10.0 g de nitrato de zinc de acuerdo con la siguiente reacción?

$$Zn + HNO_3 \rightarrow Zn(NO_3)_2 + N_2O + H_2O$$

7. ¿Qué cantidad de herrumbre (Fe_2O_3) se puede eliminar con 50.0 mL de una solución 0.100 M de ácido oxálico de acuerdo con la siguiente reacción? (balancee por tanteo la ecuación)

$$Fe_2O_3 + H_2C_2O_4 \rightarrow Fe(C_2O_4)_3^{3-} + H_2O + H^+$$

8. A partir de 500.0 mg de un mineral de composición desconocida se obtienen 318.0 mg de óxido férrico. Calcule el porcentaje de hierro en la muestra original.

9. La cloromicetina es un antibiótico de fórmula condensada: $C_{11}H_{12}O_5N_2Cl_2$. Se trató una muestra de 1.00 g de una pomada que contiene éste agente para convertir el cloro presente en iones cloruro. Después se precipitó el cloruro como cloruro de plata, el cual pesó 0.0133 g. Calcule el porcentaje de cloromicetina en la pomada.

10. El ácido adípico, material utilizado para la producción de nylon, se fabrica por oxidación del ciclohexano:

$$C_6H_{12} + O_2 \rightarrow C_6H_{10}O_4 + H_2O$$

   a. Calcule la producción teórica de ácido adípico si 250.0 kg de ciclohexano se hacen reaccionar con una cantidad ilimitada de oxígeno.

   b. Si la reacción en la práctica produce 200.0 kg de ácido adípico, calcule el rendimiento de reacción.

11. ¿Cuántos gramos de bromuro de potasio se necesitan para producir 6.00 g de bromuro de plata si la reacción siguiente presenta un rendimiento del 85 %?

$$AgNO_3 + KBr \rightarrow AgBr + KNO_3$$

12. ¿Qué volumen de CO_2 se obtiene en condiciones NTP en la combustión total de 80.00 g de metano?

13. ¿Qué volumen de O_2 bajo condiciones NTP reaccionan con 100 L de H_2 para formar vapor de agua?

14. Determine el volumen de aire necesario para quemar 200.0 g de etanol a 35.0 °C y 790 mmHg considerando que el aire contiene 21.0 % (v/v) de O_2.

15. Para la siguiente reacción en condiciones NTP determine cuál será el reactivo limitante al ponerse en contacto 4.6×10^{23} átomos de Mg con 6.0 L de nitrógeno:

$$Mg + N_2 \rightarrow Mg_3N_2$$

16. Basándose en la siguiente reacción química, determine la cantidad en gramos de todo lo que queda al término de la reacción (suponiendo un rendimiento del 100%) al reaccionar 15.00 g de hidruro de arsénico con 15.00 g de sulfato de plata:

$$H_2O + AsH_3 + Ag_2SO_4 \rightarrow As_4O_6 + Ag + H_2SO_4$$

17. La concentración de ácido oxálico se puede determinar en una muestra mediante permanganimetría, obteniendo dióxido de carbono y Mn (II). Si para alcanzar el punto final en la titulación una muestra de 50.0 g requieren de 21.0 mL de permanganato 0.0500 M, calcule el contenido en gramos de ácido oxálico en la muestra.

18. Con un rendimiento de reacción del 100% y un volumen final de 100.0 mL, exprese la concentración de los productos formados como normalidad si son sales, ácidos o álcalis; o en su defecto, como molaridad para aquellos que no sean ningún tipo de compuesto anteriormente citado, cuando reaccionan las cantidades indicadas de los siguientes reactivos (sin considerar las especies gaseosas o los disolventes, en caso de que se produzcan):

   a. 15.0 mL de una solución 0.050 M de HNO_3 con 0.06 g de P_4 en
   $$HNO_{3(ac)} + P_{4(s)} + H_2O_{(l)} \rightarrow H_3PO_{4(ac)} + NO_{(g)}$$

   b. 0.330 g de $SnCl_2$ con 0.420 g de $HgCl_2$ en
   $$SnCl_{2(ac)} + HgCl_{2(ac)} \rightarrow SnCl_{4(ac)} + Hg_2Cl_{2(s)}$$

   c. 11.0 g de Na_3PO_4 con 11.0 g de $Ba(NO_3)_2$ en
   $$Na_3PO_{4(ac)} + Ba(NO_3)_{2(ac)} \rightarrow Ba_3(PO_4)_{2(ac)} + NaNO_{3(ac)}$$

   d. 6.370 g de NH_3 con 11.42 g de CO_2 en
   $$NH_{3(l)} + CO_{2(g)} \rightarrow (NH_2)_2CO_{(ac)} + H_2O_{(l)}$$

   e. 1.00 g de $MgCO_3$ con 1.00 g de HI en
   $$MgCO_{3(s)} + HI_{(ac)} \rightarrow MgI_{2(ac)} + H_2CO_{3(ac)}$$

19. La siguiente reacción química se lleva a cabo en un medio ácido. Calcule la cantidad de productos formados y lo que quedó de reactivos al reaccionar 2.00 g de cobre metálico con 4.00 g de sulfato de sodio.
$$Cu + SO_4^{2-} \rightarrow Cu^{2+} + SO_2$$

20. Si una pieza de magnesio de 1.20 g se coloca en solución de cloruro de oro (III) equivalente a 3.10 g de cloruro de oro (III) ¿qué reactivo está en exceso? ¿cuánto Au se forma?
$$Mg + AuCl_3 \rightarrow Au + MgCl_2$$

21. Calcule el porcentaje de hierro en una muestra de 750 mg de un mineral que se trata en medio ácido y en seguida se hace reaccionar con una solución de dicromato de potasio. Durante la reacción se requirieron 9.00 mL de dicromato de potasio 1.50×10^{-3} M para reaccionar con todo el hierro, de acuerdo con la siguiente reacción:
$$Fe + Cr_2O_7^{2-} \rightarrow Fe^{2+} + Cr^{3+}$$

22. Una muestra de nitrato de zinc tiene cloruro de zinc como impureza. Se pesan 1.75 g de dicha muestra, se disuelve en agua y se titula con nitrato de plata 9.80×10⁻³ M, gastándose 7.00 mL para precipitar todo el cloruro como cloruro de plata. ¿Cuál era el porcentaje de cloruro de zinc en la mezcla original?

23. Se tienen 55.0 g de un mineral que contiene antimonio como impureza, el cual se trata con cloruro de plata para que reaccione con todo el antimonio. Después, para precipitar todo el antimonio como hidróxido de antimonio (III) se necesitaron 100 g de hidróxido de magnesio. Calcule el %(p/p) de antimonio en el mineral original.

24. ¿Qué volumen de cloruro de sodio 0.20 N se necesitará para consumir completamente 0.15 moles de nitrato de plomo para formar cloruro de plomo (II) y nitrato de sodio?

25. Se tiene una muestra que contiene cloruro de plomo (II) e impureza inerte, la cual se disuelve en 500.0 mL de agua. A ésta solución se le agrega ácido sulfhídrico formándose un precipitado, al cual se le agrega ácido nítrico y posteriormente ácido sulfúrico, obteniéndose 18.50 mg de un precipitado blanco. ¿Cuál era la concentración en mg/L de la disolución original de cloruro de plomo (II)? Se ilustra a continuación la secuencia de reacciones no balanceadas:

$$PbCl_2 + H_2S \rightarrow PbS + HCl$$
$$PbS + HNO_3 \rightarrow NO_2 + Pb(OH)_2$$
$$Pb(OH)_2 + H_2SO_4 \rightarrow PbSO_4 + H_2O$$

26. 100.0 mL de una muestra que contiene estaño se trata de la siguiente manera: se adicionan 500 mg de cloruro, se calienta la solución y se adiciona nitrato de plata hasta la aparición de un precipitado blanco, el cual se filtra y se trata con tiocianato de potasio hasta obtener un cambio de coloración. Si se gastaron 70.0 mg de reactivo valorante, ¿cuál era la concentración de estaño en ppm en la muestra?

27. Se homogenizan 500 mg de hemoglobina en medio ácido para obtener iones ferrosos y el producto se afora a 100.0 mL. De ésta solución se toman 20.0 mL y se valoran con permanganato de potasio 2.10×10⁻⁴ M, gastándose 5.00

mL. Si durante la reacción el manganeso se reduce a Mn^{2+} y los iones ferrosos se oxidan a iones férricos, ¿cuál es el % de hierro de la muestra de hemoglobina?

28. Una aleación formada por Zn y Al se analiza haciendo reaccionar 218 mg de una muestra con ácido clorhídrico para que los metales se transformen en cloruros y se generen 0.181 L de hidrógeno a 25.0°C, ejerciendo una presión de 600 mmHg. ¿Cuál es la composición de la aleación?

29. Se recolectaron 40.0 mL de oxígeno sobre agua a 25.0°C y a una presión de 700 torr, obtenidos de la descomposición de una muestra de 0.250 g que se sabe, era una mezcla de cloruro de potasio y clorato de potasio únicamente.

$$KClO_3 \rightarrow KCl + O_2$$

   a. ¿Cuántos gramos de clorato de potasio se descompusieron?
   b. ¿Qué porcentaje de la muestra correspondía originalmente a cloruro de potasio?

30. 0.500 g de una preparación proteica se convierte mediante digestión con ácido sulfúrico concentrado en sulfato ácido de amonio. El amonio se precipita como cloroplatinato de amonio: $(NH_4)_2PtCl_6$, y el precipitado se calcina, obteniéndose 190 mg de platino en fase sólida. ¿Cuál era el porcentaje en nitrógeno de la preparación original?

31. El ácido ascórbico es fácilmente oxidable a ácido dehidro-ascórbico de acuerdo con:

$$3C_6H_8O_6 + IO_3^- \rightarrow 3C_6H_6O_6 + I^- + 3H_2O$$

El punto final es detectado cuando el yodato en exceso reacciona con el yoduro producido en la reacción anterior, dando lugar a I_2 que colorea de azul el almidón:

$$IO_3^- + 5I^- + 6H^+ \rightarrow 3I_2 + 3H_2O$$

Una pastilla de 500 mg de ácido ascórbico se disolvió hasta obtener 250 mL de solución. Se toma una alícuota de 25.0 mL de ésta, se le añadieron 3 gotas de almidón y se valoró con yodato de potasio 0.0126 M hasta la aparición de un color azul permanente. Si el volumen necesario para la titulación fue de 7.50 mL, calcule la concentración de la solución de ácido ascórbico obtenida al disolver la pastilla en molaridad y el % en peso de ácido ascórbico en la pastilla.

32. Para determinar el contenido de naumanita (Ag_2Se) en una muestra mineral que contenía también argentita (Ag_2S) se prosiguió como se indica a continuación:

Se pesaron 2.00 kg del mineral y se sometió a molienda y cianuración. Como resultado de esto, se obtuvieron 501 g de $Na[Ag(CN)_2]$. De éste complejo se tomaron 44.8 g y después de una reducción con zinc, se obtuvieron 17.17 g de plata metálica.

    a. ¿Cuál es el número de moles de plata total en el mineral?

    b. ¿Cuál es el porcentaje de neumanita y argentita en el mineral?

33. Se encontró que los cigarrillos tienen un contenido promedio de 8.00×10^{-6} g de Fe. La cantidad de Fe que queda en las cenizas y las colillas de los cigarrillos consumidos es de 5.90×10^{-6} g. Si al fumar se pierde el hierro restante en forma de pentacarbonilo de hierro gaseoso: $Fe(CO)_5$, ¿qué cantidad en gramos de pentacarbonilo de hierro se forma en promedio al fumar un cigarro?

34. ¿Cuántos mililitros se necesitarán de una solución de amoniaco, con una densidad de 1.09 g/mL y 30.0 % de pureza como hidróxido de amonio, para precipitar todo el aluminio contenido en 10.0 g de Tris(8-hidroxiquinolinato) de aluminio: $Al(C_9H_6ON)_3$, como hidróxido de aluminio?

35. ¿Qué cantidad debe de utilizarse de una roca de alumbre: $K_2SO_4 \cdot Al_2(SO_4)_3 \cdot 24H_2O$ que se sabe tiene una pureza del 15.65 % para obtener 50.00 g de fosfato de aluminio, mediante el tratamiento adecuado?

36. Al analizar un mineral que contiene zinc, éste metal precipita como el sulfuro correspondiente, obteniéndose una masa de 11.54 mg. Si el contenido de zinc en dicha roca era de 20.90 %, calcule la cantidad de muestra que se utilizó en el análisis.

37. Se tiene 1.000 g de una muestra que contiene bromuro de plomo y yoduro de plomo. Al tratarla con iones bromuro, todo el yoduro de plomo se convierte a bromuro de plomo. Si el peso total de bromuro de plomo es de 0.8790 g, ¿Qué porcentaje de yodo tenía la muestra original?

38. Una muestra de 1.550 g que únicamente está compuesta por óxido de plata y óxido de cobre (I), se trató gravimétricamente para precipitar los metales como fosfatos, los cuales por medio de calcinación se convirtieron en pirofosfato de plata y pirofosfato de cobre los cuales, en conjunto, pesaron 2.300 g. ¿Cuál era la composición porcentual de la muestra en términos de óxido de plata y óxido de cobre (I)?

Capítulo 6. Equilibrios ácido – base

Como bien sabe, existen tres teorías o criterios para clasificar a las sustancias como ácidos o bases:

- La teoría de Arrhenius, que se basa en la liberación de H_3O^+ en ácidos y OH^- en las bases, ambas en solución acuosa.
- La de Brønsted – Lowry, la cual, contempla la donación y aceptación de protones para distinguir entre ácidos y bases respectivamente en reacciones que no precisan de medio acuoso para llevarse a cabo y
- La de Lewis, que define a un ácido como cualquier especie que acepta un par de electrones y una base aquella capaz de donar un par. De ésta menara amplía el concepto incluso a sustancias en las que ni siquiera tienen hidrógeno u oxígeno.

En segunda instancia, es preciso aclarar que, desde un punto de vista estricto, la acidez es la presencia de iones hidronio (H_3O^+), no hidrogeniones como clásicamente son representados (H^+). Si bien es cierto esto no tiene incidencia en cuanto a los cálculos, tratando de ser lo más correctos en el lenguaje químico, a lo largo de este capítulo se opta por considerar los iones como hidronio y no como hidrogeniones.

Por último, se hace la aclaración que todos los ejemplos aquí tratados hacen referencia a soluciones acuosas diluidas (≤1 M) a 25 °C, ya que tanto un disolvente distinto al agua, la presencia de electrolitos distintos a los que puedan provenir de la disociación de los compuestos de nuestro interés, concentraciones superiores a 1M, así como temperaturas distintas a la ambiental, inciden en el valor real del pH.

Fuerza de ácidos y bases

Un ácido o base fuerte es aquel que se encuentra, para fines prácticos, completamente disociado en solución acuosa. Ejemplos de ácidos y bases fuertes los podemos observar en la tabla 6.1. Por ejemplo, en una solución acuosa de ácido nítrico, la totalidad del compuesto se ioniza en hidronio y nitrato en contacto con el agua (de ahí la flecha con un único sentido hacia la derecha):

$$HNO_3 + H_2O \rightarrow H_3O^+ + NO_3^-$$

Caso contrario, un ácido o base débil está poco disociado en agua, es decir, la mayor parte de las moléculas mantienen su "forma original". Ejemplos de estos también los encontramos en la tabla 6.1. Podemos considerar este proceso como una reacción en equilibrio, en la cual, se considera al ácido o base como reactivo y a sus formas ionizadas como productos. En el caso del ácido acético:

$$CH_3COOH + H_2O \leftrightarrow H_3O^+ + CH_3COO^-$$

Tabla 6.1 Ácidos y bases representativos clasificados en base a su fuerza.

Fuertes		Débiles	
Ácidos	Bases	Ácidos	Bases
HCl	NaOH	HF	Amoniaco (NH_3)
HBr	KOH	H_2CO_3	Aminas (etilamina, metilamina, etc.)
HI	$Ba(OH)_2$	H_3PO_4	
H_2SO_4*	LiOH	HCN	Otros compuestos orgánicos con nitrógeno (piridina, urea, etc.)
HNO_3	$NaNH_2$	H_2S	
$HClO_4$		Ión amonio (NH_4^+)	
$HMnO_4$		Acético (CH_3COOH)	Aniones de ácidos débiles*** (CH_3COO^-, CO_3^{2-}, PO_4^{3-}, CN^-, etc.)
HSCN		Cationes metálicos pequeños y con cargas grandes** (Al^{3+}, Bi^{3+}, Cr^{3+}, etc.)	

* Al menos considerando la primera disociación.

** Son considerados ácidos de Brønsted al convertirse en donadores de protones en sus formas hidratadas mediante hidrólisis.

*** Se conocen como bases conjugadas de ácidos débiles.

Así como en cinética química se habla de la constante de equilibrio (K) para denotar la relación que existe entre productos y reactivos en una reacción, si aplicamos dicho concepto para la ionización de ácidos obtenemos la **K_a (constante**

6. Equilibrios ácido - base

de acidez) la cual nos indica el grado de ionización de un ácido en solución acuosa. Una recopilación de estos valores se encuentra en la tabla 6.2.

Tabla 6.2 Constantes de disociación de ácidos seleccionados a 25°C.

Ácido	Equilibrio	K_a	pK_a
Acético	$CH_3COOH + H_2O \leftrightarrow CH_3COO^- + H_3O^+$	1.8×10^{-5}	4.74
Acetilsalicílico	$C_9H_8O_4 + H_2O \leftrightarrow C_9H_7O_4^- + H_3O^+$	3.0×10^{-4}	3.52
Ascórbico	$C_6H_8O_6 + H_2O \leftrightarrow C_6H_7O_6^- + H_3O^+$	8.0×10^{-5}	4.10
Aluminio (III)	$Al^{3+} + 2H_2O \leftrightarrow Al(OH)^{2+} + H_3O^+$	1.4×10^{-5}	4.85
Amonio	$NH_4^+ + H_2O \leftrightarrow NH_3 + H_3O^+$	5.6×10^{-10}	9.25
Anilina*	$C_6H_5NH_3^+ + H_2O \leftrightarrow C_6H_5NH_2 + H_3O^+$	2.6×10^{-5}	4.59
Azoico	$HN_3 + H_2O \leftrightarrow N_3^- + H_3O^+$	2.0×10^{-5}	4.70
Benzoico	$C_6H_5COOH + H_2O \leftrightarrow C_6H_5COO^- + H_3O^+$	6.6×10^{-5}	4.18
Bismuto (III)	$Bi^{3+} + 2H_2O \leftrightarrow Bi(OH)^{2+} + H_3O^+$	1.0×10^{-2}	2.00
Bórico	$H_3BO_3 + H_2O \leftrightarrow H_2BO_3^- + H_3O^+$	6.0×10^{-10}	9.22
Cafeína*	$C_8H_{11}N_4^+O_2 + H_2O \leftrightarrow C_8H_{10}N_4O_2 + H_3O^+$	0.19	0.72
Carbónico	$H_2CO_3 + H_2O \leftrightarrow HCO_3^- + H_3O^+$	4.2×10^{-7}	6.38
Bicarbonato	$HCO_3^- + H_2O \leftrightarrow CO_3^{2-} + H_3O^+$	4.8×10^{-11}	10.32
Cianhídrico	$HCN + H_2O \leftrightarrow CN^- + H_3O^+$	4.0×10^{-10}	9.40
Cobre (II)	$Cu^{2+} + 2H_2O \leftrightarrow Cu(OH)^+ + H_3O^+$	1.0×10^{-8}	8.00
Cromo (III)	$Cr^{3+} + 2H_2O \leftrightarrow Cr(OH)^{2+} + H_3O^+$	1.0×10^{-4}	4.00
Etilamina*	$CH_3CH_2NH_3^+ + H_2O \leftrightarrow CH_3CH_2NH_2 + H_3O^+$	1.8×10^{-11}	10.74
Fenol	$C_6H_5OH + H_2O \leftrightarrow C_6H_6O^- + H_3O^+$	1.3×10^{-10}	9.89
Fórmico	$HCOOH + H_2O \leftrightarrow HCOO^- + H_3O^+$	2.1×10^{-4}	3.68
Fosfórico	$H_3PO_4 + H_2O \leftrightarrow H_2PO_4^- + H_3O^+$	7.5×10^{-3}	2.12
Fosfato diácido	$H_2PO_4^- + H_2O \leftrightarrow HPO_4^{2-} + H_3O^+$	6.2×10^{-8}	7.21
Fosfato ácido	$HPO_4^{2-} + H_2O \leftrightarrow PO_4^{3-} + H_3O^+$	4.8×10^{-13}	12.32
Fluorhídrico	$HF + H_2O \leftrightarrow F^- + H_3O^+$	6.7×10^{-4}	3.17
Hipocloroso	$HClO + H_2O \leftrightarrow ClO^- + H_3O^+$	3.2×10^{-8}	7.49
Láctico	$C_3H_6O_3 + H_2O \leftrightarrow C_3H_5O_3^- + H_3O^+$	8.4×10^{-4}	3.08
Metilamina*	$CH_3NH_3^+ + H_2O \leftrightarrow CH_3NH_2 + H_3O^+$	2.3×10^{-11}	10.64
Nitroso	$HNO_2 + H_2O \leftrightarrow NO_2^- + H_3O^+$	4.5×10^{-4}	3.35
p-nitrofenol	$NO_2C_6H_4OH + H_2O \leftrightarrow NO_2C_6H_4O^- + H_3O^+$	7.9×10^{-8}	7.10
Oxálico	$C_2H_2O_4 + H_2O \leftrightarrow C_2HO_4^- + H_3O^+$	3.8×10^{-2}	1.42
Oxalato ácido	$C_2HO_4^- + H_2O \leftrightarrow C_2O_4^{2-} + H_3O^+$	5.0×10^{-5}	4.30
Peróxido de hidrógeno	$H_2O_2 + H_2O \leftrightarrow HO_2^- + H_3O^+$	2.4×10^{-12}	11.62
Pícrico	$C_6H_2(NO_2)_3OH + H_2O \leftrightarrow C_6H_2(NO_2)_3O^- + H_3O^+$	4.2×10^{-1}	0.38
Propiónico	$CH_3CH_2COOH + H_2O \leftrightarrow CH_3CH_2COO^- + H_3O^+$	1.4×10^{-5}	4.85
Sulfhídrico	$H_2S + H_2O \leftrightarrow HS^- + H_3O^+$	9.5×10^{-8}	7.02
Hidrógeno sulfuro	$HS^- + H_2O \leftrightarrow S^{2-} + H_3O^+$	1.0×10^{-19}	19.00
Sulfúrico**	$H_2SO_4 + H_2O \leftrightarrow HSO_4^- + H_3O^+$	Grande	Neg.
Hidrógeno sulfato	$HSO_4^- + H_2O \leftrightarrow SO_4^{2-} + H_3O^+$	1.3×10^{-2}	1.89
Tiosulfúrico	$H_2S_2O_3 + H_2O \leftrightarrow HS_2O_3^- + H_3O^+$	2.0×10^{-2}	1.70

| Hidrógeno tiosulfato | $HS_2O_3^- + H_2O \leftrightarrow S_2O_3^{2-} + H_3O^+$ | 3.2×10^{-3} | 2.49 |
| Zinc (II) | $Zn^{2+} + 2H_2O \leftrightarrow Zn(OH)^+ + H_3O^+$ | 2.5×10^{-10} | 9.60 |

* Por practicidad, se muestran los nombres de las bases conjugadas, no del ácido

**El único ácido fuerte contemplado aquí es el sulfúrico por ser diprótico

Mientras más grande sea el valor de K_a de un ácido, más iones hidronio liberará en solución acuosa y, por consiguiente, será relativamente más fuerte que otro con K_a menor. Por ejemplo, acorde con la tabla 6.2, comparando al ácido ascórbico ($K_a = 8.0 \times 10^{-5}$) con el fenol ($K_a = 1.3 \times 10^{-10}$) tenemos que el primero es mucho más fuerte en comparación con el segundo (¡en un orden de hasta 615 000 veces!); por lo que al estar a la misma concentración, el ácido ascórbico liberará más iones hidronio y, por consiguiente, su solución será más ácida que una solución de fenol a la misma concentración. Por supuesto que para aquellos ácidos que se disocian completamente, no es práctico incluir valores de K_a porque son números muy grandes, que para fines prácticos se consideran infinitos.

Como en cualquier situación de equilibrio, acorde al principio de Le Châtelier, si el sistema se modifica cambiando la concentración de uno de los componentes, el sistema automáticamente responderá para reestablecer el equilibrio:

$$aA + bB \leftrightarrow cC + Dd$$

Reactivos Productos

Cambios en la concentración:	Desplazamiento del equilibrio:
Aumenta la concentración de productos	Izquierda
Decrece la concentración de productos	Derecha
Aumenta la concentración de reactivos	Derecha
Decrece la concentración de reactivos	Izquierda

Así pues, cuando un ácido débil se encuentra en un medio con iones hidronio (que no hayan sido liberados por el) **el sistema hace que se ionice aún en menor cantidad a la esperada** según su valor de K_a. Esto tiene utilidad cuando hablamos de mezclas de ácidos, en donde:

- En una mezcla de ácido fuerte con ácido débil, se **desprecia** la concentración de este último.
- En una mezcla de dos ácidos débiles, se **desprecia** la concentración de aquel que tenga una K_a menor.
- En un ácido poliprótico, si hay gran diferencia entre los valores de sus K_a, solo se tomará en cuenta **la primera disociación**.

La escala de pH

El pH (o potencial de hidrógeno) está definido como el logaritmo negativo en base 10 de la actividad de los iones hidronio. El concepto de actividad está fundamentado en cálculos fisicoquímicos que no se tratarán aquí, sin embargo, se puede establecer una aproximación a este concepto mediante el uso de la concentración en unidades de molaridad, por lo que:

$$pH = -\log[H_3O^+]$$

Convencionalmente, el valor de pH se expresa con dos cifras decimales y dado que está definido con una escala logarítmica, el cambio en una unidad de pH es en realidad un cambio en el orden de 10 veces la concentración del ión hidronio, como podemos observar en la figura 6.1.

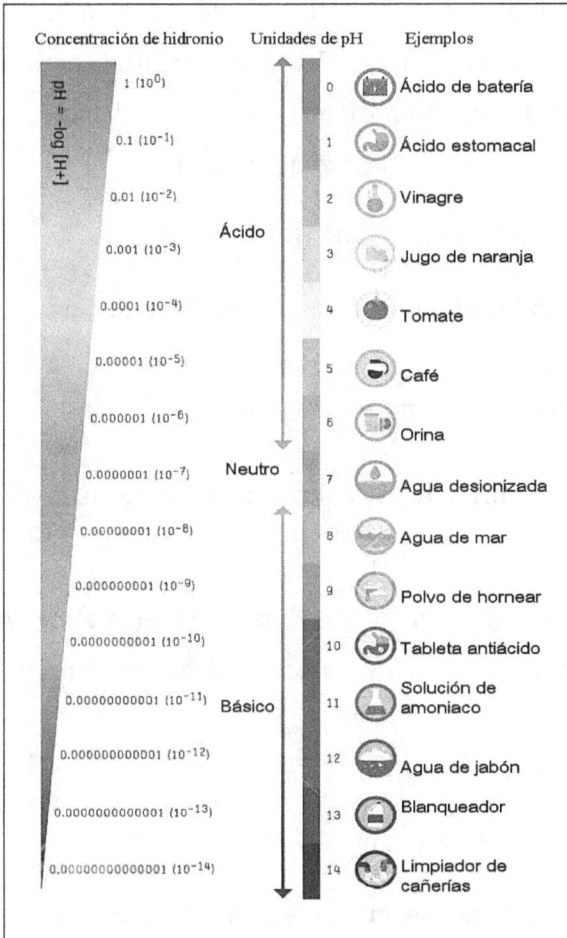

Figura 6.1 Escala logarítmica de pH en solución acuosa.

Para ejemplificar esto, supongamos que tenemos dos soluciones y con ayuda de un potenciómetro medimos su pH. La primera resulta con un valor de pH de 2.00 y la segunda, de 3.00. La solución con pH 2.00 tendrá una concentración 10 veces mayor de hidronio que aquella con pH de 3.00.

De manera inversa, podemos despejar [H_3O^+] de la ecuación para obtener la concentración de iones hidronio a partir del pH en cualquier solución:

$$[H_3O^+] = 10^{-pH}$$

Por consiguiente, la concentración de iones hidronio en la solución a pH 2.00 será de 1.0×10^{-2} M y en la de pH 3.00 de 1.0×10^{-3} M.

En cualquier solución, indistintamente si es ácida o básica, siempre tendremos presentes tanto iones hidronio como hidroxilos. Si multiplicamos ambas concentraciones en cualquier situación, obtendremos siempre el mismo resultado: 1.0×10^{-14}, lo cual se conoce como producto iónico del agua (K_w):

$$1.0 \times 10^{-14} = [H_3O^+][OH^-]$$

Por consiguiente, despejando OH^- en la fórmula anterior tenemos que:

$$[OH^-] = \frac{1.0 \times 10^{-14}}{[H_3O^+]}$$

Por lo tanto, en la solución a pH 2.00, la concentración de hidroxilos será de 1.0×10^{-12} M y en la de pH 3.00, 1.0×10^{-11} M.

Análogamente, tenemos la escala de pOH, la cual es inversa al pH y viene dada por el logaritmo negativo de la actividad de los iones hidroxilos (concentración para fines prácticos):

$$pOH = -\log[OH^-]$$

$$pH + pOH = 14 \therefore pOH = 14 - pH$$

Por consiguiente, en el ejemplo de nuestras dos soluciones, la primera tendría un valor de pOH de 12.00 y la segunda de 11.00.

Cálculo de pH en soluciones diluidas

Independientemente del tipo de solución, para calcular su pH debemos de conocer primero la concentración de iones hidronio. En soluciones de ácidos o bases fuertes esto es relativamente sencillo ya que, al estar ionizados completamente, sabemos que las concentraciones de H_3O^+ o de OH^- según corresponda, serán exactamente iguales a la concentración original de la sustancia y, posteriormente, basta con calcular el logaritmo de dicha concentración y cambiar el signo del resultado.

Calcular el pH, pOH, $[H_3O^+]$ y $[OH^-]$ en una solución con 1 g/L de ácido permangánico.

Lo primero que tenemos que hacer es calcular la molaridad del ácido:

$$\left(\frac{1 \text{ g HMnO}_4}{1 \text{ L}}\right)\left(\frac{1 \text{ mol HMnO}_4}{119.9 \text{ g HMnO}_4}\right) = 8.3403 \times 10^{-3} \text{ M}$$

Dado que se disocia completamente en agua:

$$HMnO_4 \;+\; H_2O \;\rightarrow\; MnO_4^- \;+\; H_3O^+$$

Inicio	8.3403×10^{-3} M		0	0
Final	0		8.3403×10^{-3} M	8.3403×10^{-3} M

Posteriormente, el pH y pOH:

$$pH = -\log[8.3403 \times 10^{-3}] = -(-2.0788) = 2.08$$

$$pOH = 14 - pH = 14 - 2.08 = 11.92$$

Por último, la concentración de hidronio será la misma que la del ácido (8.3403×10^{-3} M) y la de hidroxilos puede calcularse a partir de K_w, o bien, a partir del pOH:

$$\text{Según } K_W: [OH^-] = \frac{K_w}{[H_3O^+]} = \frac{1.0 \times 10^{-14}}{8.3403 \times 10^{-3}} = 1.1990 \times 10^{-12} \text{ M}$$

$$\text{Según pOH; } [OH^-] = 10^{-11.92} = 1.2022 \times 10^{-12} \text{ M}$$

Dicha discrepancia proviene del redondeo a dos decimales para las cifras de pH, aunque ambos valores son iguales si las redondeamos a dos cifras significativas. A manera de validación del resultado, podemos observar que el pH es mucho menor al pOH y, por consiguiente, la concentración de hidronio es extremadamente mayor a la de hidroxilos, todo lo cual es concordante con una solución de un ácido fuerte.

Pero ahora, ¿qué pasa con los ácidos débiles? El cálculo de pH se torna más complejo con estas especies ya que no es tan sencillo llegar a la concentración de hidronios a partir de la concentración original del ácido [HA].

Existen dos caminos para llegar al resultado en estos casos, ya sea por la constante de acidez o por fórmula a través de la pK_a (logaritmo negativo de dicha constante, cuyos valores se encuentran también en el anexo 4). Estrictamente hablando, tiene mayor validez el camino de la K_a, sin embargo, las diferencias entre un método y el otro (cuando las hay) generalmente se consideran despreciables.

Por otra parte, es común encontrar en la bibliografía la siguiente fórmula para el cálculo de [H_3O^+] en ácidos débiles, en el afán de evadir la resolución de una ecuación cuadrática:

$$[H_3O^+] = \sqrt{K_a[HA]}$$

Sin embargo, al utilizarla, el analista debe estar consciente de que el resultado sería entonces una aproximación, la cual va perdiendo exactitud y validez mientras más diluida sea la solución y mientras más grande sea la K_a del ácido.

Calcular el pH de una solución de ácido hipocloroso 0.03 M.

Tenemos el siguiente equilibrio y el correspondiente valor de la constante de acidez:

$$HClO + H_2O \leftrightarrow ClO^- + H_3O^+ \quad K_a = 3.2 \times 10^{-8}$$

[ ] al inicio	0.03 M	0	0
[ ] al final	0.03−x M	x	x

En el equilibrio:

$$K_a = \frac{[ClO^-][H_3O^+]}{[HClO]} \therefore 3.2 \times 10^{-8} = \frac{[x][x]}{[0.03-x]} = \frac{x^2}{0.03-x} \therefore$$

$$9.6 \times 10^{-10} - 3.2 \times 10^{-8}x = x^2 \therefore 0 = x^2 + 3.2 \times 10^{-8}x - 9.6 \times 10^{-10}$$

Resolviendo la ecuación cuadrática considerando a = 1, b = 3.2×10^{-8} y c = -9.6×10^{-10}:

$$x = \frac{-3.2 \times 10^{-8} \pm \sqrt{(3.2 \times 10^{-8})^2 - 4(1)(-9.6 \times 10^{-10})}}{2(1)} = 3.0968 \times 10^{-5} \text{ M}$$

Ya que $[H_3O^+] = 3.0968 \times 10^{-5}$ M $\therefore$ pH = $-\log 3.0968 \times 10^{-5} = 4.5091 = 4.51$

Ahora bien, la fórmula para un ácido débil (anexo 3) nos dice que:

$$\text{pH} = \frac{1}{2}\text{pK}_a - \frac{1}{2}\log M \therefore$$

$$\text{pH} = \frac{7.49}{2} - \frac{\log 0.03}{2} = 3.745 - (-0.7614) = 4.5064 = 4.51$$

Lo cual corresponde dentro de la escala de pH para un ácido débil. Obsérvese la gran diferencia entre este valor y el que tendría si el ácido fuera fuerte (1.52), derivado de la poca disociación del ácido hipocloroso (de acuerdo a la concentración de iones hidronio calculada por la ecuación cuadrática, se encuentra ionizado ¡solo en un 0.1032 %!)

De manera similar procedemos al tratar las bases débiles, solo que, si vamos a utilizar el método de la constante de equilibrio, vamos a tener que convertir la K_a de su ácido conjugado en K_b, para lo cual utilizaremos K_w:

$$K_w = K_a K_b \therefore K_b = \frac{K_w}{K_a}$$

Calcular el pH de una solución acuosa de metilamina al 2.5 % (p/v)

Antes que nada, convertimos composición porcentual a molaridad:

$$\left(\frac{2.5 \text{ g CH}_3\text{NH}_2}{100 \text{ mL}}\right)\left(\frac{1 \text{ mol CH}_3\text{NH}_2}{31.06 \text{ g CH}_3\text{NH}_2}\right)\left(\frac{1000 \text{ mL}}{1 \text{ L}}\right) = 0.8049 \text{ M}$$

Planteamos el equilibrio y su constante de basicidad:

$$CH_3NH_2 + H_2O \leftrightarrow CH_3NH_3^+ + OH^-$$

[ ] al inicio	0.8049 M	0	0
[ ] al final	0.8049−xM	x	x

$$K_b = \frac{K_w}{K_a} = \frac{1 \times 10^{-14}}{2.3 \times 10^{-11}} = 4.3478 \times 10^{-4}$$

Sustituyendo las especies involucradas en la constante de equilibrio:

$$4.3478 \times 10^{-4} = \frac{[CH_3NH_3^+][OH^-]}{[CH_3NH_2]} = \frac{[x][x]}{[0.8049-x]} = \frac{x^2}{0.8049-x} \therefore$$

$$3.4995 \times 10^{-4} - 4.3478 \times 10^{-4}x = x^2 \therefore$$

$$0 = x^2 + 4.3478 \times 10^{-4}x - 3.4995 \times 10^{-4}$$

Resolviendo la ecuación cuadrática considerando $a = 1$, $b = 4.3478 \times 10^{-4}$ y $c = -3.4995 \times 10^{-4}$:

$$x = \frac{-4.3478 \times 10^{-4} \pm \sqrt{(4.3478 \times 10^{-4})^2 - 4(1)(-3.4995 \times 10^{-4})}}{2(1)} = 0.0185 \text{ M}$$

Ya que sabemos que $[OH^-] = 0.0185 \therefore pOH = -\log 0.0185 = 1.7328$

$$pH = 14 - pOH = 14 - 1.7328 = 12.2672 = 12.27$$

Por otra parte, a partir de la fórmula (anexo 3):

$$pH = 7 + \frac{1}{2}pK_a + \frac{1}{2}\log M \therefore$$

$$pH = 7 + \frac{10.64}{2} + \frac{\log 0.8049}{2} = 7 + 5.32 - 0.047 = 12.27$$

Sistemas amortiguadores

Todo lo que hemos revisado hasta el momento hace referencia a cuando una única especie está en solución, pero, ¿qué sucede cuando hay dos o más especies con carácter ácido – base en la misma solución acuosa? Un caso especial de estas mezclas son los buffers o sistemas amortiguadores, los cuales están conformados por un ácido débil y su base conjugada (es decir, por el producto y el reactivo en las expresiones de equilibrio de la tabla 6.2). Por consiguiente, pares conjugados son, por ejemplo, el ácido ascórbico y el ascorbato (en forma de sal de sodio, potasio u otro catión con el cual forme una sal soluble en agua), el ácido fosfórico y el dihidrógeno fosfato, y así consecutivamente.

La característica primordial de estos sistemas es la de resistir los cambios bruscos de pH aún en presencia de ácidos o bases fuertes, comparados con los que se presentarían en presencia de agua pura, lo que se conoce como capacidad amortiguadora. El pH de los amortiguadores ronda el valor de la pK_a del ácido, puesto que, para obtener una capacidad amortiguadora razonable, la pK_a debe de estar en el rango de ± 1 unidades respecto al pH deseado. Así pues, si deseamos un buffer que mantenga el pH de una solución cerca de las 2 unidades, sería más factible utilizar el par $H_3PO_4/H_2PO_4^-$ (pK_a = 2.12) que el conformado por HCO_3^-/CO_3^{2-} (pK_a = 10.32).

Lo concerniente a los sistemas amortiguadores viene dado por la ecuación de Henderson – Hasselbalch:

$$pH = pK_a + \log \frac{M_{base}}{M_{ácido}}$$

Que al aplicarse en sistemas en donde tanto la base conjugada como el ácido son monopróticos y están contenidos en el mismo volumen y éste permanece constante puede expresarse como:

$$pH = pK_a + \log \frac{Mol_{base}}{Mol_{ácido}}$$

De esta ecuación se aprecia que:

- Al tener una mayor cantidad de base que de ácido, el logaritmo del cociente de las concentraciones dará un número positivo, por lo que el pH resultante será mayor al de la pK_a.

- Caso contrario, al haber mayor cantidad de ácido que de base conjugada, el pH resultante será menor que la pK_a.

- Al coexistir cantidades equimolares de ácido y base conjugada, como el logaritmo de 1 = 0, el pH será exactamente igual a su pK_a.

Esta ecuación no solo es útil para predecir el pH en un sistema dado, sino que nos permite diseñar buffers a cualquier pH que necesitemos, conociendo tanto la relación que deberán guardar sus componentes, como también, la cantidad necesaria de ácido o base requerida al conocer la cantidad presente del otro compuesto. En la práctica, debido principalmente a que utilizamos molaridad en lugar de actividad para realizar los cálculos, al realizar nuestro buffer suele ser necesario ajustar el pH con pequeños volúmenes de ácido o base fuerte para llegar al pH deseado.

Diseñar un buffer para cierta determinación enzimática, en donde necesitamos que el pH del medio se mantenga en 3.00 unidades, partiendo de ácido nitroso y nitrito de sodio (pK_a = 3.35).

Antes de hacer el cálculo sabemos de antemano que, debido a que el valor deseado es menor a la pK_a, necesitaremos mayor cantidad de ácido (HNO_2) que de su base conjugada ($NaNO_2$). Según Henderson – Hasselbalch, al querer conocer la relación que deben guardar los componentes para obtener el pH deseado:

$$3.00 = 3.35 + \log \frac{M_{base}}{M_{ácido}} = 3.35 + \log x \therefore$$

$$x = 10^{3.00-3.35} = 10^{-0.35} = 0.446684$$

Éste resultado significa que, sin importar las concentraciones reales, pero manteniendo una relación base/ácido de 0.446684 se mantendrá el pH en 3.00 unidades. Por consiguiente, podríamos realizar el buffer alcanzando concentraciones finales de 0.1 M para $NaNO_2$ y 0.2239 M de HNO_2 (ya que 0.1 ÷

0.2239 = 0.4466). Aunque es teóricamente posible cualquier combinación numérica, por efectos de hidrólisis y de eficiencia del sistema, se procura que las concentraciones de ambos componentes sean > 0.1 M.

Predicción de reacciones ácido – base.

Otra utilidad de los valores de pK_a es la predicción de la espontaneidad y cuantitividad de reacciones ácido base. Es bien comprendido que los ácidos fuertes reaccionan (de manera violenta) con las bases fuertes para producir una sal y agua en una reacción que puede utilizarse con fines cuantitativos; sin embargo, no todos los ácidos débiles reaccionarán con todas las bases débiles y, en caso de hacerlo, no siempre se obtendrá 100% de rendimiento.

Para predecir esto nos ayudaremos con una línea, en donde graficaremos los valores de pK_a de las especies de interés (no debe de ser una escala exacta) con los ácidos en la parte superior y las bases en la inferior, representando todos los ácidos y bases conjugadas posibles (para efectos de estos esquemas, se representan a todos los ácidos fuertes como iones hidronio con pK_a de 0 y a las bases fuertes como OH^- con pK_a de 14.

Predecir lo que pasará al poner en contacto ácido pícrico (pK_a = 0.38) con cianuro de potasio (pK_a = 9.40).

El gráfico queda de la siguiente manera:

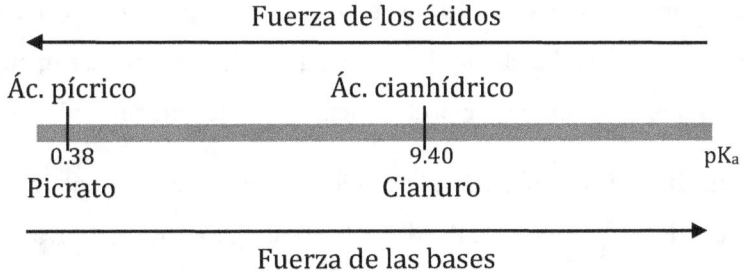

Posteriormente se identifican las especies de interés, encerrándolas en un círculo, se unen con una línea y se seleccionan con flechas los compuestos que producen (su ácido o base conjugada según sea el caso):

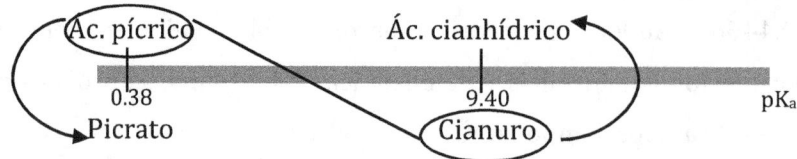

Si la forma resultante de este esquema asemeja a una letra "N" (como lo es este ejemplo) la reacción procede favoreciendo a los productos:

$$C_6H_2(NO_2)_3OH + CN^- \rightarrow C_6H_2(NO_2)_3O^- + HCN$$

Si, en caso contrario, hubiéramos partido de picrato de sodio como base y ácido cianhídrico, hubiéramos obtenido el diagrama siguiente:

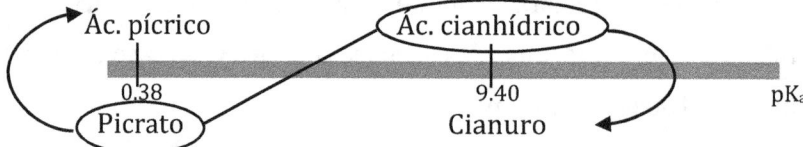

Lo cual, no forma una letra "N", sino que pareciera una "N" invertida, lo cual significa que no puede proceder dicha reacción.

Para evaluar la cuantitividad, calculamos la diferencia de pK_a (ΔpK_a) al restar el pK_a menor del mayor. Si el resultado es mayor o igual a 4 indica que la reacción se puede utilizar con fines cuantitativos, valores de ΔpK_a entre 2 y 4 son características de reacciones que sí ocurren, pero con menor cuantitividad y aquellas con ΔpK_a menor a 2 se consideran reacciones en equilibrio. En nuestro caso, $\Delta pK_a = 9.40 - 0.38 = 9.02$, por lo que se asume que presentará una cuantitividad del 100%.

En casos en donde hay múltiples especies, de igual manera se colocan en el gráfico y el orden en el cual se llevará a cabo la reacción vendrá determinado por el valor de ΔpK_a, pues se le da mayor preferencia a la reacción con valor más grande.

Se tiene una mezcla de 1 mmol de ácido clorhídrico, 1 mmol de ácido acético y 1.5 mmol de hidróxido de sodio. Predecir las reacciones que se llevarían a cabo, el orden en el cual se efectúan y el pH de la solución final.

Gráficamente tenemos que:

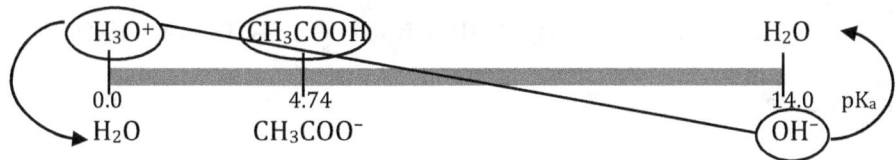

La primer reacción en ocurrir será aquella con ΔpK_a más grande, que en este caso es la de HCl con NaOH ($\Delta pK_a = 14.0$).

$$HCl + NaOH \rightarrow NaCl + H_2O$$

Consecuentemente tenemos dos escenarios posibles, bien pudieron neutralizarse completamente las especies al estar presentes en cantidades equimolares, o bien, una puede quedar en exceso y seguir reaccionando con algún otro componente de la mezcla.

Como tenemos 1 mmol de HCl y 1.5 mmol de NaOH, quedan 0.5 mmol de NaOH en exceso.

$$HCl + NaOH \rightarrow NaCl + H_2O$$

	HCl	NaOH	NaCl	H$_2$O
mmoles iniciales	1	1.5	0	0
Cambio	1−1	1.5−1	0	0
mmoles después de la reacción	0	0.5	1	1

Por lo que se afirma que el NaOH remanente reaccionará con el ácido acético ($\Delta pK_a = 9.26$):

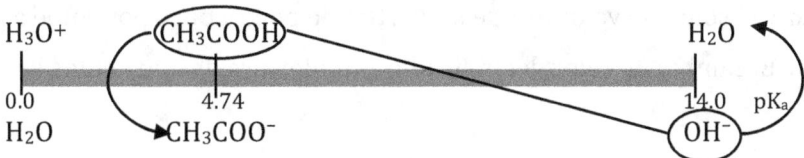

Ahora, si consideramos que había 1 mmol de CH_3COOH, entonces éste queda en exceso, ya que solo se consumieron 0.5 para reaccionar con el remanente de NaOH de la primera reacción.

$$CH_3COOH + NaOH \rightarrow CH_3COONa + H_2O$$

mmoles iniciales	1	0.5	0	0
Cambio	1−0.5	0.5−0.5	0	0
mmoles después de la reacción	0.5	0	0.5	0.5

A este nivel como se puede apreciar, estamos frente a un sistema amortiguador acetato/ ácido acético:

$$pH = 4.74 + \log\frac{0.5}{0.5} = 4.74$$

En conclusión, debemos considerar las cantidades iniciales de reactivos, la ΔpK_a, el orden en el cual se efectúan las reacciones y las relaciones estequiométricas entre productos y reactivos para poder calcular el pH final de una mezcla de ácidos y bases.

Titulaciones

Se denomina titulación o valoración ácido – base a la reacción bajo condiciones controladas de un ácido con una base, a fin de establecer la concentración de una solución desconocida (analito) utilizando una de concentración conocida (solución valorante), con la ayuda de algún indicador ácido base y/o el potenciómetro. Un volumen conocido de analito con unas gotas de indicador queda contenido en un matraz y la solución valorante se irá vertiendo poco a poco por goteo a partir de una bureta. El cambio de color del indicador nos alertará de que hemos llegado al punto final.

Podemos diferenciar cuatro escenarios distintos que nos llevarán a resultados diferentes en el punto estequiométrico (momento en el cual hay cantidades equimolares de ácido y de base):

- Valoración ácido fuerte – base fuerte. El punto de equivalencia estequiométrico es igual al punto neutro (7.00) en la escala de pH.

- Valoración ácido débil – base fuerte. En el punto de equivalencia estequiométrico, el pH será mayor a 7.00 debido a que en la reacción se forma una base débil (base conjugada del ácido débil).
- Valoración ácido fuerte – base débil. En el punto de equivalencia estequiométrico, el pH de la solución resultante será menor a 7.00 debido a que se forma un ácido débil en la reacción.
- Valoración ácido débil – base débil. Se forman dos productos con características ácido- base los cuales a su vez se hidrolizan, por lo que es complejo predecir el pH que se obtendrá en el punto estequiométrico. Adicionalmente, al no haber un cambio representativo de pH en los alrededores del punto estequiométrico deja una región muy estrecha para que un indicador realice bien su papel y conlleve a que este tipo de titulación prácticamente carezca de utilidad.

En cualquiera de los casos, es común llevar un control del pH que resulta conforme se va agregando la solución contenida en la bureta a manera de una tabla y una gráfica. En la tabla podemos ir registrando los mililitros de valorante añadido y el pH medido en cada punto, además de otros datos como la cantidad de moles de reactivos y productos, el volumen aditivo, etc. La gráfica se construye colocando el valor del pH de la solución en el eje Y y el volumen adicionado en el eje X. Podemos observar ejemplos de gráficas acordes a los distintos tipos de titulaciones en la figura 6.2.

Un indicador ácido – base es un ácido o base débil de carácter orgánico que cambia de color en solución de acuerdo con el nivel de ionización que presente, lo cual está determinado por el pH del medio, por lo que es de gran relevancia la correcta elección del indicador a utilizar según el tipo de titulación a monitorizar.

Figura 6.2. Gráficas de titulación obtenidas al titular 10 mL de ácido 0.7 N con una base 0.9 N:

A. Ácido fuerte – base fuerte (HCl + NaOH): observamos un cambio muy brusco de pH en los alrededores del punto estequiométrico (intersección de las dos líneas) obteniéndose un pH de 7.00

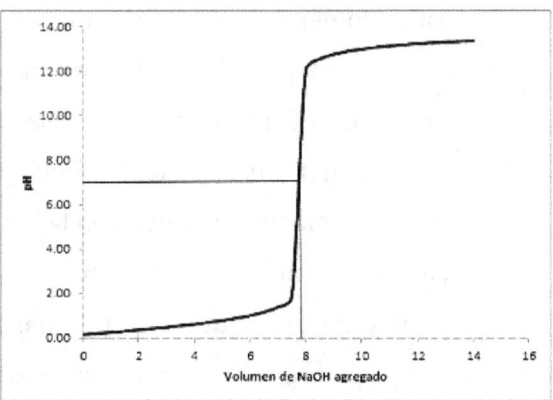

B. Ácido débil – base fuerte (Ác. acético/ NaOH): El cambio de pH ya no es tan brusco en los alrededores del punto estequiométrico, obteniéndose un pH de 9.17.

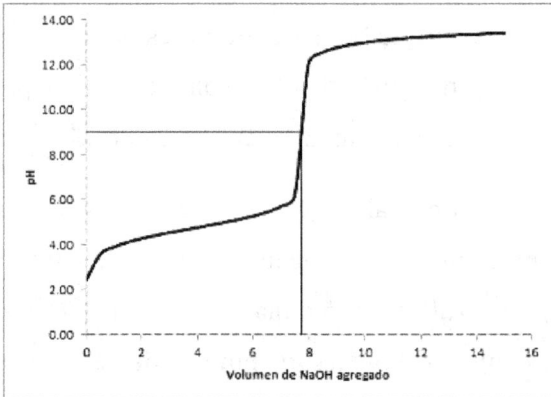

C. Ácido fuerte – base débil (HCl/ anilina). Se obtiene un pH ácido al punto de equivalencia estequiométrico, con un cambio mínimo en comparación a los dos casos anteriores. Después de tal punto, el pH viene determinado por un sistema amortiguador formado por el par conjugado fenilamonio/ anilina.

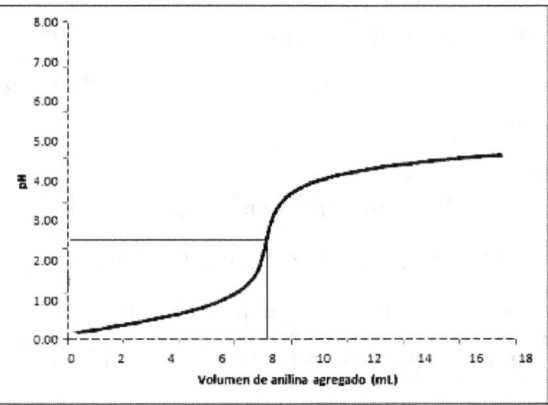

En la tabla 6.3 observamos algunos indicadores ácido - base comunes y sus rangos de viraje de color. Conjuntando la información de esta tabla, e interpretando los gráficos expuestos de la figura 6.2, resulta obvio pensar que, por ejemplo, sería inútil seleccionar al anaranjado de metilo como indicador para una valoración ácido débil – base fuerte, ya que no coinciden el margen de cambio de color con la región del punto de equivalencia en la curva.

Tabla 6.3 Ejemplos de indicadores y sus puntos de cambio de color

Indicador	Margen de cambio de color	Color por abajo del margen	Color por encima del margen
Azul de timol	1.20 – 2.80	Rojo	Amarillo
Azul de bromofenol	3.00 – 4.60	Amarillo	Azul
Anaranjado de metilo	3.20 – 4.40	Naranja	Amarillo
Verde de bromocresol	4.00 – 5.60	Amarillo	Azul
Rojo de metilo	4.20 – 6.30	Rojo	Amarillo
Azul de bromotimol	6.20 – 7.60	Amarillo	Azul
Fenolftaleína	8.30 – 10.00	Incoloro	Fuscia
Amarillo de alizarina	10.10 – 12.00	Amarillo	Violeta

Un caso especial de titulación es el caso de los ácidos polipróticos (aquellos que son capaces de donar más de un protón en distintas etapas de ionización). Considérese el ácido oxálico evaluado con hidróxido de potasio. Aunque se puede establecer la reacción general en una sola etapa, lo correcto químicamente hablando es evaluarla en dos etapas de reacciones iónicas, considerando al K^+ como ión espectador:

$$H_2C_2O_4 + OH^- \rightarrow HC_2O_4^- + H_2O$$

$$HC_2O_4^- + OH^- \rightarrow C_2O_4^{2-} + H_2O$$

En este caso tenemos dos puntos estequiométricos, como se aprecia en la figura 6.3 y, por consiguiente, dos puntos de cambio en la gráfica por lo que habrá que ocupar dos diferentes indicadores para monitorizar la llegada a los puntos de equivalencia, o bien, utilizar solo uno que abarque al punto de equivalencia que nos sea de interés.

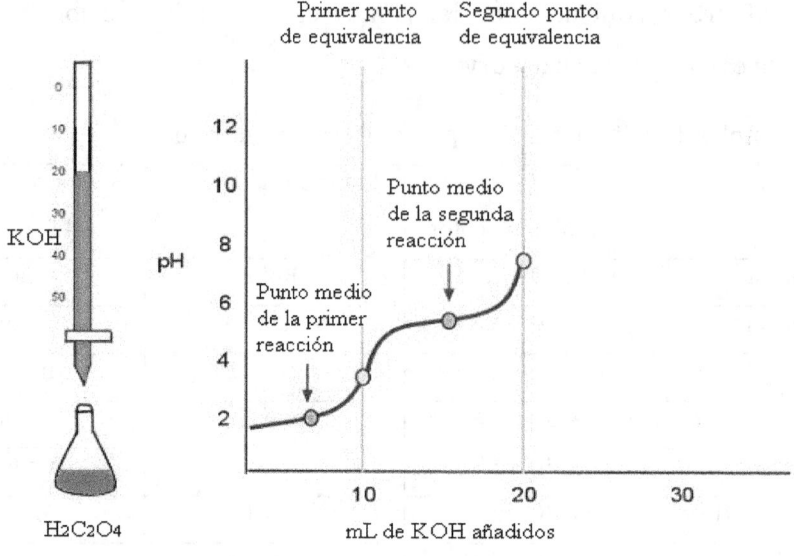

Figura 6.3 Curva de titulación de un ácido diprótico

Problemas resueltos

1. ¿Qué volumen de agua destilada se necesitará añadir a 100 mL de una solución de etilamina a pH 10 si se desea que tenga un pH de 8.55?
   Planteamiento y respuesta: Antes que nada, calculamos la molaridad original de la base, despejando M de la fórmula de pH para una base débil:

   $$pH = 7 + \frac{1}{2}pK_a + \frac{1}{2}\log M \therefore \log M = 2 \times -\left(7 + \frac{10.74}{2} - 10.00\right) = -4.74 \therefore$$
   $$M = 10^{-4.74} = 1.8197 \times 10^{-5} \text{ M}$$

   Ahora, siguiendo el mismo procedimiento, pero considerando el pH objetivo, la concentración deseada de etilamina está dada por:

   $$pH = 7 + \frac{1}{2}pK_a + \frac{1}{2}\log M \therefore \log M = 2 \times -\left(7 + \frac{10.74}{2} - 8.55\right) = -7.64 \therefore$$
   $$M = 10^{-7.64} = 2.2909 \times 10^{-8} \text{ M}$$

   Por lo que, aplicando la fórmula de las diluciones ($C_1V_1 = C_2V_2$):

   $$(0.1\text{L})(1.8197 \times 10^{-5}\text{M}) = (x\text{L})(2.2909 \times 10^{-8}\text{M}) \therefore$$

   $$x\text{L} = \frac{(0.1 \text{ L})(1.8197 \times 10^{-5} \text{ M})}{2.2909 \times 10^{-8} \text{ M}} = 79.43 \text{ L}$$

Por lo que a los 100 mL presentes en un inicio, debemos de agregar 79.33 L de agua destilada para obtener al final 79.43 L de solución 2.2909×10^{-8} M y así llegar al pH objetivo de 8.55. Este ejemplo nos muestra lo que es una escala logarítmica, pues lo que en teoría parecería un cambio de pH muy pequeño (1.45 unidades) conlleva a diluir la solución 794 veces para llegar a dicho objetivo.

2. Calcule las concentraciones, en molaridad, de las siguientes especies en una solución 0.1 N de ácido carbónico: $H_2CO_3/HCO_3^-/CO_3^{2-}/H_3O^+$

   Planteamiento y respuesta: Planteamos primero los equilibrios correspondientes a las dos fases de disociación para el ácido carbónico:

   $$\boxed{1}\ H_2CO_3 + H_2O \leftrightarrow HCO_3^- + H_3O^+ \qquad K_a = 4.2 \times 10^{-7}$$

   $$\boxed{2}\ HCO_3^- + H_2O \leftrightarrow CO_3^{2-} + H_3O^+ \qquad K_a = 4.8 \times 10^{-11}$$

   En la primera disociación, en el entendido de que 0.1 N = 0.05 M:

   $$4.2 \times 10^{-7} = \frac{[HCO_3^-][H_3O^+]}{[H_2CO_3]} = \frac{[x][x]}{[0.05 - x]} = \frac{x^2}{0.05 - x} \therefore$$

   $$2.1 \times 10^{-8} - 4.2 \times 10^{-7}x = x^2 \therefore$$

   $$0 = x^2 + 4.2 \times 10^{-7}x - 2.1 \times 10^{-8}$$

   Resolviendo la ecuación cuadrática:

   $$x = \frac{-4.2 \times 10^{-7} \pm \sqrt{(4.2 \times 10^{-7})^2 - 4(1)(-2.1 \times 10^{-8})}}{2(1)} = 1.4470 \times 10^{-4}\ M$$

   La cual es la concentración inicial de bicarbonato (el cual, consecutivamente se ionizará en la segunda etapa) y de hidronio, pero a la vez, es la cantidad que se deberá restar de la concentración inicial de ácido carbónico.

   Para la segunda disociación y considerando el resultado del paso anterior:

   $$4.8 \times 10^{-11} = \frac{[CO_3^{2-}][H_3O^+]}{[HCO_3^-]} = \frac{[x][x]}{[1.4470 \times 10^{-4} - x]} = \frac{x^2}{1.4470 \times 10^{-4} - x} \therefore$$

   $$6.9456 \times 10^{-15} - 4.8 \times 10^{-11}x = x^2 \therefore$$

   $$0 = x^2 + 4.8 \times 10^{-11}x - 6.9456 \times 10^{-15}$$

6. Equilibrios ácido - base

Resolviendo la ecuación cuadrática:

$$x = \frac{-4.8 \times 10^{-11} \pm \sqrt{(4.8 \times 10^{-11})^2 - 4(1)(-6.9456 \times 10^{-15})}}{2(1)}$$

$$= 8.3316 \times 10^{-8} \text{ M}$$

Que es la concentración de aniones carbonato, pero a la vez, es el número que se tendrá que restar de la concentración inicial de bicarbonato y la cifra que se deberá de sumar a la primera concentración de iones hidronio. Realizando todos los ajustes tenemos que:

$[H_2CO_3] = 0.05 - 1.4470 \times 10^{-4} = 0.04986$ M

$[HCO_3^-] = 1.4470 \times 10^{-4} - 8.3316 \times 10^{-8} = 1.4462 \times 10^{-4}$ M

$[CO_3^{2-}] = 8.3316 \times 10^{-8}$ M

$[H_3O^+] = 1.4470 \times 10^{-4} + 8.3316 \times 10^{-8} = 1.4478 \times 10^{-4}$ M

3. Una mezcla de 20 g conformada solo por fosfato ácido de potasio y fosfato di-ácido de potasio se afora a 1.0 L y se obtiene un buffer con pH de 7.51. Calcule la composición porcentual de la mezcla original.

   Planteamiento y respuesta: Sabemos que por tratarse de un buffer tendremos que utilizar la ecuación de Henderson – Haselbalch, esta vez no para calcular el pH, sino para saber la relación en la cual se encuentra el ácido, que denominaremos con la letra "a" (KH_2PO_4) con respecto a la base "b" (K_2HPO_4) en la solución aforada. Al sustituir valores tenemos que:

   $$7.51 = 7.21 + \log\frac{\text{Mol}_{base}}{\text{Mol}_{ácido}} \therefore \frac{\text{Mol}_{base}}{\text{Mol}_{ácido}} = 10^{7.51-7.21} = 10^{0.3} = 1.9953$$

   Tomando en cuenta las masas molares para cada compuesto y con el objetivo de dejar como incógnita a los gramos, tenemos que esto se puede expresar como:

   $$\frac{\frac{b}{174.2}}{\frac{a}{136.1}} = 1.9953$$

Dado que en esta expresión tenemos dos incógnitas y la única manera de resolver este tipo de ecuaciones es mediante un sistema de ecuaciones lineales 2 × 2, debemos buscar entre los datos que nos da el problema, alguna otra relación que podamos plantear por medio de una ecuación con las mismas incógnitas y en las mismas unidades. Sabemos que la cantidad en gramos de ambos compuestos deben de sumar 20, que es la masa original de la mezcla (por lo que a + b = 20), así que ya tenemos dos ecuaciones relacionadas con las mismas incógnitas:

$$\begin{cases} \dfrac{\frac{b}{174.2}}{\frac{a}{136.1}} = 1.9953 \\ a + b = 20 \end{cases}$$

Despejando "a" en la segunda ecuación y sustituyendo en la primera para resolver el sistema por el método de sustitución:

$$a = 20 - b \therefore \dfrac{\frac{b}{174.2}}{\frac{20-b}{136.1}} = 1.9953$$

Aplicando la "regla del sándwich" para la división de dos cocientes:

$$\dfrac{136.1b}{3484 - 174.2b} = 1.9953 \therefore 136.1b = 6951.6252 - 347.58126b \therefore$$

$$483.68126b = 6951.6252 \therefore b = \dfrac{6951.6252}{483.68126} = 14.3723 \text{ g}$$

Ya que sabemos los gramos de base, sustituimos este valor en la ecuación que resulte más fácil de manejar:

$$a = 20 - b = 20 - 14.3723 = 5.6277 \text{ g}$$

Ya solamente falta establecer la composición porcentual al resolver unas reglas de 3 simples:

$$\%a = \dfrac{(5.6277 \cancel{\text{g}})(100\,\%)}{(20\cancel{\text{g}})} = 28.14\,\%$$

$$\% \text{ b} = \frac{(14.3723 \text{ g})(100 \%)}{(20 \text{ g})} = 71.86 \%$$

4. Calcule el pH de la siguiente mezcla: 50.0 mL de ácido acético 0.08 M + 25.0 mL de acetato de sodio 0.14 M + 10.0 mL de hidróxido de sodio 0.05 M.

El acetato de sodio es la base conjugada del ácido acético, por lo que forman parte de un sistema amortiguador y no reaccionan entre sí. El NaOH, al ser una base fuerte va a reaccionar con el ácido acético, formando aún más acetato de sodio:

	NaOH	+	CH_3COOH	→	CH_3COONa	+	H_2O
Volumen	10.0 mL		50.0 mL				
Concentración	0.05 M		0.08 M				
mmol al inicio	0.5 mmol		4 mmol				
mmol al término	0.00 mmol		3.5 mmol		0.5 mmol		

Debido a que todo el NaOH se consumió en la reacción, el pH lo determinará el sistema amortiguador (lo que sobró de CH_3COOH y lo que había en un inicio de CH_3COONa + lo que se formó durante la reacción anterior):

$$[CH_3COOH] = \frac{3.5 \text{ mmol}}{80 \text{ mL}} = 0.04375 \text{ M}$$

$$[CH_3COONa] = \frac{(25 \text{ mL})(0.14 \text{ M}) + 0.5 \text{ mmol}}{80 \text{ mL}} = 0.05 \text{ M}$$

Por lo tanto:

$$\text{pH} = 4.74 + \log\frac{0.05}{0.04375} = 4.74 + 0.05799 = 4.80$$

Obsérvese que obtenemos el mismo resultado si tomamos en cuenta el número de mmoles en lugar de la molaridad, al considerar volúmenes aditivos:

$$\text{pH} = 4.74 + \log\frac{4}{3.5} = 4.74 + 0.05799 = 4.80$$

Problemas complementarios

1. Cierta cantidad de un ácido se valora con sosa cáustica. Al punto de equivalencia el pH de la solución es 8.00. De ello se deduce que:
   a) La concentración del ácido era muy pequeña
   b) Era un ácido débil
   c) Era un ácido fuerte
   d) La titulación está mal hecha

2. ¿Cuál de las siguientes sustancias al disolverse igual cantidad de moles en agua dará un pH menor?
   a) Cr^{3+}
   b) HN_3
   c) H_3BO_3
   d) $HClO$

3. Para neutralizar una muestra de 10.0 mL de vinagre con densidad de 1.02 g/mL se requirieron 28.0 mL de hidróxido de sodio 0.100 N. ¿Cuál era el % (p/v) del ácido acético en el vinagre?

4. ¿Qué volumen de ácido clorhídrico 0.50 N se necesitan para neutralizar 10 mL de hidróxido de bario 0.6 N?

5. Calcule el pH de las siguientes soluciones:
   a) NaOH 1×10^{-3} M
   b) Metilamina 0.025 M
   c) 300 mL de una solución acuosa con 50 mg de ácido acetil salicílico disueltos
   d) Cafeína 0.5 N
   e) Solución de fenol con densidad de 1.015 g/mL y pureza del 5%
   f) Solución con 5 g/mL de bicarbonato de sodio
   g) Ácido perclórico 2.0×10^{-2} N
   h) Ácido pícrico 0.8 N
   i) Fluoruro de sodio 0.001 N
   j) Iones Al^{3+} en una concentración de 3.5×10^{-5} M
   k) Sulfato de cobre 0.2 M

l) Ácido sulfúrico 0.07 N

m) Ácido fosfórico 0.6 N

6. Calcule el pH de los siguientes sistemas amortiguadores:

   a) 5 mEq de ácido fórmico + 10 mEq de formiato de potasio en un volumen de 50 mL

   b) 2 g de ácido nitroso + 20 g de nitrito de sodio en 200 mL de solución

   c) 5 g de piridina + 0.5 g de cloruro de piridina en 100 mL

7. Una disolución 0.4 M de un ácido monoprótico débil desconocido tiene un pH de 5.00, ¿cuál es su K_a? ¿De qué especie probablemente se trate?

8. Se determinó que la concentración de ión hidronio en un blanqueador de ropa es de 2.0×10^{-11} M, ¿Cuál es el pOH?

9. Una solución de un ácido monoprótico débil tiene un pH de 6.00. ¿Cuál es la concentración de iones hidroxilo en dicha solución?

10. El ácido conjugado de una base débil tiene una $K_a = 1.9\times10^{-5}$, ¿cuál es la pK_b de la base?

11. Una solución 1×10^{-3} M de una base desconocida tiene un pH de 10.39. Calcule la pK_a para dicha especie.

12. ¿Cuál es el porcentaje de disociación de un ácido cuya pK_a es de 7.50?

13. Calcule el grado de ionización y la concentración de todas las especies presentes en una solución 8.00×10^{-2} M de amoniaco.

14. Calcule la concentración de iones hidroxilo e hidronio en la solución que resulta al mezclar 20.0 mL de ácido clorhídrico 0.120 N con 15.0 mL de hidróxido de potasio 0.200 N.

15. ¿Qué volumen de agua destilada se necesitará añadir a 100 mL de las siguientes soluciones para poder alcanzar el pH deseado?

    a. Ácido pícrico a pH 1.00, pH deseado: 2.00

    b. Ácido nítrico a pH 0.50, pH deseado: 3.00

    c. p-nitrofenol a pH 6.70, pH deseado: 6.80

16. Calcule las concentraciones de las siguientes especies en una solución 1.000 M de ácido oxálico:

    a. $H_2C_2O_4$

    b. $HC_2O_4^-$

c. $C_2O_4^{2-}$

d. H_3O^+

17. Calcule la concentración de iones hidronio al diluir 1.00 mL de peróxido de hidrógeno al 30 % en peso con una densidad de 1.11 g/mL en 9.00 mL de agua destilada.

18. El ácido bromhídrico concentrado (48.0%) tiene una densidad de 1.50 g/cm³. 5 mL de este producto se colocan en un matraz y se aforan a 100 mL, posteriormente 1 mL de esta dilución se transfiere a otro matraz y se afora a 25 mL. ¿Cuál es el pH de la solución final?

19. En un recipiente "A" tenemos un buffer con ácido acético 0.8 M y acetato de sodio 0.8 M. En un recipiente "B" una solución con solo ácido acético 0.8 M. Calcule el pH en ambos sistemas al inicio y después de haber sido diluido 10 veces con agua destilada.

20. Al mezclar 5.00 mL de una solución 0.100 N de una base fuerte con 44.0 mL de una solución de un ácido monoprótico débil 0.020 M se obtiene una solución con pH de 4.30. ¿De qué ácido se trata?

21. Para cierto procedimiento de tinción de especímenes sanguíneos en un laboratorio clínico, se necesita un amortiguador de fosfatos a pH de 7.00. Describa cómo lo prepararía.

22. ¿En qué cantidades se deberán mezclar cloruro de fenilamonio 0.020 N y anilina 0.010 N para preparar 200 mL de buffer con pH de 4.50?

23. Describa como prepararía un sistema amortiguador de bicarbonato a pH 11.00

24. Se posee 0.50 L de un sistema amortiguador de acetato con pH de 4.20. Calcule el pH resultante al añadir los volúmenes indicados de las siguientes especies:

    a. Ácido nítrico (0.1 N): 1, 10 y 50 mL
    b. Hidróxido de sodio (0.3 N): 10, 20 y 50 mL
    c. ¿Qué conclusión se puede obtener al comparar estos resultados

25. Calcule que volumen de hidróxido de sodio 0.1000 M se debe agregar a 100.0 mL de una solución de ácido ascórbico 0.0500 M para obtener una

solución con pH de 4.50. Adicionalmente, calcule la concentración de todas las especies existentes en dicha solución.

26. ¿Cuáles serán las concentraciones necesarias que se deberá de tener para que el pH de un buffer de formiato sea de 4.00 considerando que la concentración total de la disolución es 1.00 M?

27. ¿Cuántos mililitros de una solución de fenolato de potasio con al 2.00 % (p/v) deberá agregarse a 100 mg de fenol para obtener 200 mL de una solución amortiguadora a pH 10.00?

28. ¿Qué volumen de ácido nítrico con pureza del 32.00 % y densidad de 0.9800 g/mL tendrán que añadirse a 200.0 mL de una solución con 10.00 g/dL de hidróxido de potasio para que la solución resultante tenga un pH de 11.50?

29. A 40 mL de una solución de ácido nitroso 0.02 N se agregó cierto volumen de una solución 0.05 N de hidróxido de potasio. Se midió el pH después de la reacción y resultó ser 4.53. ¿Cuál fue el volumen de hidróxido de potasio añadido?

30. Se agrega una muestra sólida de hidróxido de bario a 300 mL de una solución de ácido bromhídrico 0.400 M. La solución resultante es ácida y se titula con hidróxido de sodio 0.300 M, requiriéndose 115 mL para alcanzar el punto de equivalencia. Calcular la masa de hidróxido de bario que se agregó a la solución de ácido bromhídrico.

31. A 250.0 mL de una solución de sosa cáustica con 16.50 % de pureza y 1.142 g/mL de densidad, se le añade un volumen desconocido de ácido bromhídrico con 1.180 g/mL de densidad y 31.52 % en peso. A la solución resultante se le agrega suficiente agua para completar 1 L de solución. Si el pH resultante es de 0.55, ¿cuál fue el volumen de ácido añadido?

32. Se realiza la titulación de 20.0 mL de ácido fluorhídrico 0.150 N con hidróxido de potasio 0.080 N. Trace la curva de titulación con datos al 25, 50, 75, 100, 125, 150 y 175 % del punto de equivalencia.

33. Se desea preparar 5.0 L de solución de ácido clorhídrico que se utilizará para valoración de carbonatos. Si se requiere que el título de la solución sea de 10 mg de carbonato de calcio por mL de solución, describa como prepararía dicha solución a partir de ácido concentrado Q.P. con densidad de 1.4 g/mL.

34. Determinar la normalidad y el tipo de solución que se obtiene al mezclar cuidadosamente 20.0 mL de hidróxido de sodio 0.012 N, 10.0 mL de ácido sulfúrico 0.345 N y 5.00 mL de hidróxido de potasio 0.500 N.

35. Calcule el porcentaje de carbonato de calcio que contiene una muestra de calcita, con los datos del siguiente análisis: 1.45 g de dicho material se trató con 30.0 mL de una solución de ácido nítrico 0.100 N, el cual quedó en exceso después de haber reaccionado con todas las especies alcalinas provenientes del carbonato. Dicho exceso se valoró con una base fuerte 0.050 N, gastándose 5.50 mL en la titulación.

36. Para titular 30.0 mL de una solución de hidróxido de potasio se utiliza una solución de un ácido fuerte 0.160 N. Si en la titulación se consumen 24.0 mL de ácido, ¿cuál era la concentración de la base? Exprésala en g/L

37. Calcule el pH en el punto de equivalencia en una valoración de 15.0 mL de amoniaco 0.250 N con ácido clorhídrico 0.125 N.

38. Calcule la normalidad de las soluciones ácidas siguientes al titularse en las condiciones dadas (todos son ácidos fuertes):
    a. Se consumieron 14.70 mL de solución con 100.0 mg de carbonato de sodio en presencia de fenolftaleína (violeta a incoloro)
    b. Se consumieron 30.10 mL de solución con 250.0 mg de carbonato de potasio en presencia de anaranjado de metilo (amarillo a rojo)

39. A 25 mL de una solución de ácido fosfórico 0.3 N se le agrega hidróxido de potasio 0.2 M. Calcular el pH de la solución resultante al haber agregados los siguientes volúmenes de base:
    a. 0.00 mL
    b. 6.00 mL
    c. 12.5 mL
    d. 15.0 mL
    e. 25.0 mL
    f. 30.0 mL
    g. 37.5 mL

40. Prediga si ocurren o no las siguientes reacciones, así como si serán o no cuantitativas:

a. NaF + H_2CO_3

b. CH_3COOH + NaOH

c. Fenolato de sodio + ácido propiónico

d. Ácido fórmico + lactato de sodio

e. Ácido láctico + formiato de potasio

41. Calcule el pH de las siguientes mezclas:

a. 0.8 g de cloruro de amonio + 12.0 mL de hidróxido de potasio 0.07 M + 4.0 mL de ácido clorhídrico 0.035 M.

b. Ácido cianhídrico + ácido fluorhídrico a una concentración final de 1 M para ambas especies.

c. 0.5 g de cloruro de amonio + 10.0 mL de ácido acético 1×10^{-2} M + 20.0 mL de KOH 0.07 M en 500.0 mL de solución

d. 20.0 mL de HCl 0.1 M + 15.0 mL de KOH 0.15 M + 10.0 mL de ácido acético 0.02 M.

e. Una mezcla en polvo constituida por 30 mg de fosfato ácido de sodio y 30 mg de carbonato de sodio al añadírsele 10.0 mL de ácido clorhídrico 0.05 N.

Capítulo 7. Equilibrios de solubilidad

Hasta este momento, se ha considerado que todas las sales al estar en solución acuosa adoptan sus formas iónicas que las conforman (o si éste no fue el caso, el que lo hagan o no ha sido irrelevante). Por ejemplo, la sal de mesa al estar en solución acuosa sabemos que no está presente como moléculas de cloruro de sodio, sino que se disocia completamente en sus respectivos iones:

$$NaCl_{(s)} \rightarrow Na^+_{(ac)} + Cl^-_{(ac)}$$

Sin embargo, para muchos compuestos esto no es cierto. Para aquellos que se consideran poco solubles en agua más bien existe un estado de equilibrio entre su fase sólida y su fase acuosa (ionizada). Por ejemplo, el sulfato de plata tiene una solubilidad mínima en comparación con el cloruro de sodio. El equilibrio se expresa de la siguiente forma:

$$Ag_2SO_{4(s)} \leftrightarrow 2Ag^+_{(ac)} + SO^{2-}_{4(ac)}$$

Las concentraciones presentes de los iones que conforman el compuesto son mucho menores a las que se esperarían en el cloruro de sodio. Suponiendo que se cuenta con 1 mol de NaCl y se disuelve en 1 L de agua a 25 °C, las concentraciones tanto de Na⁺ como de Cl⁻ serán 1 M. Por otra parte, si realizamos el mismo procedimiento con el Ag_2SO_4, observaríamos que $[Ag^+] = 3.0366 \times 10^{-2}$ M y $[SO_4^{2-}] = 1.5182 \times 10^{-2}$ M; es decir, las concentraciones iónicas son 33 y 66 veces menor a lo que se esperaría siendo completamente soluble, permaneciendo el resto del compuesto en fase sólida como precipitado.

Adicionalmente, tenemos que a la misma temperatura, aun cuando cambiemos la cantidad de soluto disminuyéndola, obtendremos las mismas concentraciones iónicas en solución y lo que cambiará será la masa de precipitado, es decir, existe un límite al cual el compuesto se puede disociar completamente en sus iones. Dicho límite se denomina como solubilidad molar (s) en unidades de molaridad pero puede expresarse también en g/L.

7. Equilibrios de solubilidad

Al permanecer dichas concentraciones iónicas constantes, si multiplicamos las concentraciones de cada ión elevada a su coeficiente estequiométrico en la expresión de equilibrio, obtenemos lo que se conoce como **constante del producto de solubilidad o K_{ps}**. Para nuestro compuesto de ejemplo:

$$Ag_2SO_{4(s)} \leftrightarrow 2Ag^+_{(ac)} + SO^{2-}_{4(ac)}$$

$$K_{ps} = [Ag^+]^2[SO_4^{2-}] = [3.0366 \times 10^{-2}]^2[1.5182 \times 10^{-2}] = 1.4 \times 10^{-5}$$

Por consiguiente, si conocemos la solubilidad de un compuesto podemos calcular su K_{ps} y viceversa a través de las relaciones expresadas en la tabla 7.1. Es conveniente recordar en esta instancia que, de acuerdo a la prioridad de las operaciones aritméticas, primero se efectúa la potenciación y después la multiplicación en los casos en donde se deban aplicar ambos cálculos.

Tabla 7.1 Relaciones matemáticas entre concentraciones, K_{ps} y solubilidad molar de acuerdo a la fórmula mínima de las sales.

Fórmula mínima	Ejemplo	Equilibrio	Relación entre K_{ps} y concentración	Relación entre K_{ps} y solubilidad
XY	AgBr	$AgBr_{(s)} \leftrightarrow Ag^+_{(ac)} + Br^-_{(ac)}$	$K_{ps}=[Ag^+][Br^-]$	$s = \sqrt{K_{ps}}$
XY_2/ X_2Y	Ag_2SO_4	$Ag_2SO_{4(s)} \leftrightarrow 2Ag^+_{(ac)} + SO^{2-}_{4(ac)}$	$K_{ps} = [Ag^+]^2[SO_4^{2-}]$	$s = \sqrt[3]{\dfrac{K_{ps}}{4}}$
XY_3/ X_3Y	$Fe(OH)_3$	$Fe(OH)_{3(s)} \leftrightarrow Fe^{3+} + 3OH^-_{(ac)}$	$K_{ps} = [Fe^{3+}][OH^-]^3$	$s = \sqrt[4]{\dfrac{K_{ps}}{27}}$
X_3Y_2/ X_2Y_3	$Ca_3(PO_4)_2$	$Ca_3(PO_4)_2 \leftrightarrow 3Ca^{2+} + 2PO^{3-}_{4(ac)}$	$K_{ps} = [Ca^{2+}]^3[PO_4]^2$	$s = \sqrt[5]{\dfrac{K_{ps}}{108}}$

Por supuesto, existen valores ya establecidos para K_{ps}. Una recopilación de estos valores se encuentra en la tabla 7.2

Entre compuestos con la misma fórmula mínima, la solubilidad disminuye conforme disminuye su valor de K_{ps}. De esta forma, según los valores de la tabla 7.2, el sulfuro de cadmio ($K_{ps} = 8.0 \times 10^{-28}$) es mucho menos soluble en agua que el yoduro de cobre (I) ($K_{ps} = 5.1 \times 10^{-12}$) y este a su vez es mucho menos soluble que el

7. Equilibrios de solubilidad

sulfato de estroncio ($K_{ps} = 3.8 \times 10^{-7}$). Por supuesto que sustancias que son solubles completamente en agua tienen valores de K_{ps} muy grandes y positivos (infinito para fines prácticos).

Tabla 7.2 Constantes de producto de solubilidad para compuestos poco solubles en agua a 25°C.

Compuesto	Fórmula	K_{ps}	Compuesto	Fórmula	K_{ps}
Aluminio			Mercurio (I)		
Hidróxido	$Al(OH)_3$	1.8×10^{-33}	Cloruro	Hg_2Cl_2	3.5×10^{-18}
Bario			Mercurio (II)		
Carbonato	$BaCO_3$	8.1×10^{-9}	Sulfuro	HgS	4.0×10^{-54}
Fluoruro	BaF_2	1.7×10^{-6}	Plata		
Sulfato	$BaSO_4$	1.1×10^{-10}	Bromuro	$AgBr$	7.7×10^{-13}
Bismuto			Carbonato	Ag_2CO_3	8.1×10^{-12}
Sulfuro	Bi_2S_3	1.6×10^{-72}	Cloruro	$AgCl$	1.6×10^{-10}
Cadmio			Yoduro	AgI	8.3×10^{-17}
Sulfuro	CdS	8.0×10^{-28}	Sulfato	Ag_2SO_4	1.4×10^{-5}
Calcio			Sulfuro	AgS	6.0×10^{-51}
Carbonato	$CaCO_3$	8.7×10^{-9}	Cromato	Ag_2CrO_4	1.3×10^{-12}
Fluoruro	CaF_2	4.0×10^{-11}	Oxalato	$Ag_2C_2O_4$	1.1×10^{-11}
Hidróxido	$Ca(OH)_2$	8.0×10^{-6}	Yodato	$AgIO_3$	3.1×10^{-8}
Fosfato	$Ca_3(PO_4)_2$	1.2×10^{-26}	Plomo (II)		
Oxalato	CaC_2O_4	1.3×10^{-9}	Carbonato	$PbCO_3$	3.3×10^{-14}
Cromo (III)			Cloruro	$PbCl_2$	2.4×10^{-4}
Hidróxido	$Cr(OH)_3$	3.0×10^{-29}	Fluoruro	PbI_2	4.1×10^{-8}
Cobre (I)			Sulfuro	PbS	3.4×10^{-28}
Bromuro	$CuBr$	4.2×10^{-8}	Potasio		
Yoduro	CuI	5.1×10^{-12}	Cloroplatinato	K_2PtCl_6	1.1×10^{-5}
Cobre (II)			Zinc		
Hidróxido	$Cu(OH)_2$	2.2×10^{-20}	Hidróxido	$Zn(OH)_2$	1.8×10^{-14}
Sulfuro	CuS	6.0×10^{-37}	Sulfuro	ZnS	1.0×10^{-26}
Estroncio					
Carbonato	$SrCO_3$	1.6×10^{-9}			
Sulfato	$SrSO_4$	3.8×10^{-7}			
Estaño (II)					
Sulfuro	SnS	1.0×10^{-26}			
Hierro (II)					
Hidróxido	$Fe(OH)_2$	1.6×10^{-14}			
Sulfuro	FeS	6.0×10^{-19}			
Hierro (III)					
Hidróxido	$Fe(OH)_3$	1.1×10^{-36}			
Magnesio					
Carbonato	$MgCO_3$	4.0×10^{-5}			
Hidróxido	$Mg(OH)_2$	1.2×10^{-11}			
Manganeso (II)					
Sulfuro	MnS	3.0×10^{-14}			

*Los compuestos que son solubles en agua poseen valores de K_{ps} muy grandes y no se contemplan aquí.

7. Equilibrios de solubilidad

Preparar una solución saturada de sulfuro de estaño.

Buscamos el valor de K_{ps} en la tabla y establecemos el equilibrio:

$$K_{ps} = 1.0 \times 10^{-26}$$

$$SnS_{(s)} \leftrightarrow Sn^{2+}_{(ac)} + S^{2-}_{(ac)}$$

Sabemos por la tabla 7.1 que al tener ambos iones coeficiente estequiométrico igual a 1, las concentraciones en una solución saturada serán iguales a la solubilidad molar, puesto que es un compuesto de la forma XY:

$$s = \sqrt{K_{ps}} = \sqrt{1.0 \times 10^{-26}} = 1 \times 10^{-13} \text{ M}$$

Por consiguiente, para obtener una solución saturada a 25° C (sin formar precipitado) tendremos que prepararla como 1×10^{-13} M respecto al SnS (una cantidad sumamente pequeña de soluto).

Calcular la concentración de iones hidroxilos en una solución saturada de hidróxido de cromo (III).

Buscando el valor de K_{ps} del compuesto en la tabla:

$$K_{ps} = 3.0 \times 10^{-29}$$

De acuerdo al equilibrio de solubilidad sabemos que la concentración de hidroxilos será 3 veces la solubilidad molar:

$$Cr(OH)_3 \leftrightarrow Cr^{3+}_{(ac)} + 3OH^{-}_{(ac)}$$

Calculando s a partir de la fórmula correspondiente descrita en la tabla 7.1, siendo el $Cr(OH)_3$ un compuesto de la forma XY_3:

$$s = \sqrt[4]{\frac{K_{ps}}{27}} = \sqrt[4]{\frac{3.0 \times 10^{-29}}{27}} = 3.2467 \times 10^{-8} \text{ M}$$

Por lo tanto, en una solución en donde hemos podido disolver la cantidad máxima permisible de $Cr(OH)_3$ en agua, las concentraciones iónicas de acuerdo a la expresión de equilibrio de solubilidad serían:

$$[Cr^{3+}] = s = 3.2467 \times 10^{-8} M$$

$$[OH^-] = 3s = 3 \times 3.2467 \times 10^{-8} \, M = 9.7401 \times 10^{-8} \, M$$

Podemos comprobar nuestro resultado al sustituir éstos valores en la expresión de K_{ps} correspondientes a las concentraciones en equilibrio:

$$K_{ps} = [Cr^{3+}][OH^-]^3 = [3.2467 \times 10^{-8}][9.7401 \times 10^{-8}]^3 = 3.0 \times 10^{-29}$$

Predicción de formación de precipitados

Desde otra perspectiva, podemos predecir si se formará o no un precipitado al término de una reacción en solución acuosa al comparar el **producto iónico (Q)** con la K_{ps} acorde con la tabla 7.3. De manera similar a lo que ocurre con la constante de equilibrio y el cociente de reacción, Q es el producto de las concentraciones elevadas a su coeficiente estequiométrico, es decir, tiene **la misma forma matemática** que la K_{ps}, **pero con concentraciones fuera del equilibrio.**

Tabla 7.3 Reglas de decisión para predecir la formación de precipitados.

Situación	Acontecimiento
$Q > K_{ps}$	Precipita
$Q = K_{ps}$	Solución saturada
$Q < K_{ps}$	No precipita

¿Se formará un precipitado al añadir 10 mL de hidróxido de sodio 0.012 M a 50 mL de cloruro de aluminio 0.005 M?

Procedemos primero a establecer la posible reacción e identificar al compuesto insoluble en agua:

$$NaOH + AlCl_3 \rightarrow 2NaCl + Al(OH)_3$$

De los dos productos, solamente el hidróxido de aluminio tiene posibilidades de precipitar. Procedemos a calcular el producto iónico de los iones Al^{3+} y OH^- en el entendido de que tiene la misma forma que la K_{ps}, pero utilizando las concentraciones calculadas a través de los datos del problema:

$$[Al^{3+}] = 50 \text{ mL AlCl}_3 \left(\frac{0.005 \text{ mmol AlCl}_3}{1 \text{ mL AlCl}_3}\right)\left(\frac{1 \text{ mmol Al}^{3+}}{1 \text{ mmol AlCl}_3}\right)\left(\frac{1}{60 \text{ mL}}\right)$$

$$= 4.1667 \times 10^{-3} \text{ M}$$

$$[OH^-] = 10 \text{ mL NaOH} \left(\frac{0.012 \text{ mmol NaOH}}{1 \text{ mL NaOH}}\right)\left(\frac{1 \text{ mmol OH}^-}{1 \text{ mmol NaOH}}\right)\left(\frac{1}{60 \text{ mL}}\right)$$

$$= 2.0 \times 10^{-3} \text{ M}$$

$$Q = [Al^{3+}][OH^-]^3 = [4.1667 \times 10^{-3}][2.0 \times 10^{-3}]^3 = 3.3334 \times 10^{-11}$$

Dado que para el Al(OH)$_3$ K$_{ps}$ vale 1.8×10^{-33}; Q>K$_{ps}$, por lo tanto se concluye que se formará un precipitado de hidróxido de aluminio hasta que la concentración de Al^{3+} sea igual al valor s (2.8574×10^{-9} M) y la de OH$^-$ sea igual a 3 veces el valor s (8.5723×10^{-9} M) o visto de otra forma, hasta que Q ([Al^{3+}][OH$^-$]^3) sea igual a $K_{ps}(1.8 \times 10^{-33})$.

Efecto del ión común en la solubilidad

La relación entre la constante del producto de solubilidad y las concentraciones de iones se mantiene incluso cuando los iones provengan de otro compuesto diferente (ión común).

Imagínese que a una solución de clorato de magnesio 0.005 M (soluble) se le agrega carbonato de magnesio (poco soluble en agua). De por sí éste último es poco soluble en agua pura, ahora será menos soluble en una solución que ya tiene disueltos iones Mg^{2+} ya que, de acuerdo con el principio de Le Châtellier, al perturbarse el estado de equilibrio, el sistema hará todo lo posible para reestablecerlo; así pues, al ya haber disueltos iones Mg^{2+}, el sistema limitará la formación de más iones Mg^{2+}, manteniendo constante el valor de K$_{ps}$.

Los equilibrios son los que a continuación se presentan:

$$Mg(ClO_3)_{2(s)} \rightarrow Mg^{2+}_{(ac)} + 2ClO^-_{3(ac)}$$

$$MgCO_{3(s)} \leftrightarrow Mg^{2+}_{(ac)} + CO^{2-}_{3(ac)}$$

$$K_{ps} = [Mg^{2+}][CO_3^{2-}]$$

Dado que el sistema ya provee Mg^{2+} a una concentración de 0.005 M proveniente de la disociación completa del clorato de magnesio, a la concentración que obtendremos del ión Mg^{2+} proveniente del carbonato de magnesio le tendremos que sumar ese valor. Tomando en cuenta lo anterior y sustituyendo los valores tenemos que:

$$4.0 \times 10^{-5} = [0.005 + s][s] = s^2 + 0.005s \therefore$$

$$0 = s^2 + 0.005s - 4.0 \times 10^{-5}$$

Al resolver la ecuación cuadrática por medio de la formula general:

$$x = \frac{-0.005 \pm \sqrt{(0.005)^2 - 4(1)(-4.0 \times 10^{-5})}}{2(1)} = 4.3 \times 10^{-3} \text{ M}$$

Lo cual resulta ser el valor de la solubilidad molar del carbonato de magnesio bajo tales condiciones.

Si dicho compuesto se hubiera disuelto en agua pura hubiéramos obtenido:

$$s = \sqrt{4.0 \times 10^{-5}} = 6.3246 \times 10^{-3}$$

El cual es un valor más alto, lo cual concuerda con la aseveración de que **la presencia de un ión común proveniente de un compuesto soluble, disminuye aún más la solubilidad de un compuesto poco soluble en agua.**

El ejemplo anterior fue relativamente sencillo, dado que la incógnita "s" quedó elevada al cuadrado y se pudo resolver usando la fórmula general de la ecuación cuadrática. Sin embargo, habrá ocasiones en que tratemos con compuestos con fórmulas mínimas de otro tipo y la incógnita puede quedar elevada al cubo, cuarta potencia, etc., por lo que no resultaría práctico realizar manualmente el cálculo y tendremos que recurrir a algún software para dichas ecuaciones cúbicas o cuartas, o bien, realizar una aproximación, como veremos a continuación:

Calcule la solubilidad molar del hidróxido de zinc en una solución con $[OH^-]= 1 \times 10^{-3}$ M.

7. Equilibrios de solubilidad

$$Zn(OH)_2 \leftrightarrow Zn^{2+}_{(ac)} + 2OH^-_{(ac)}$$

$$K_{ps} = [Zn^{2+}][OH^-]^2$$

$$1.8 \times 10^{-14} = [s][0.001 + s]^2 = [s][1 \times 10^{-6} + 0.002s + s^2]$$

$$= s^3 + 0.002s^2 + 1 \times 10^{-6}s \therefore$$

$$0 = s^3 + 0.002s^2 + 1 \times 10^{-6}s - 1.8 \times 10^{-14}$$

Esta ecuación cúbica se puede resolver utilizando una calculadora online para dichas ecuaciones o con un software matemático, sin embargo, podemos realizar una aproximación utilizando el siguiente razonamiento: dado que esperamos un valor de s extremadamente pequeño en comparación a la concentración de hidroxilos (debido al muy pequeño valor de K_{ps}) podemos decir que el término 0.001+s≈0.001, entonces tenemos que:

$$1.8 \times 10^{-14} = [s][0.001]^2 = 1 \times 10^{-6}s \therefore s = \frac{1.8 \times 10^{-14}}{1 \times 10^{-6}} = 1.8 \times 10^{-8} \text{ M}$$

Valor el cual, comparado con la solubilidad molar en agua pura para dicho compuesto (1.65×10^{-5} M) es mucho menor debido a la presencia de hidroxilos como ión común, inhibiendo aún más la débil disociación del hidróxido de zinc, desplazando el equilibrio hacia la izquierda, con lo cual se valida conceptualmente el resultado obtenido con esta aproximación. Paralelamente, si utilizamos un software para resolver la ecuación cúbica original tenemos como solución positiva 1.7999×10^{-8}, con lo cual se valida que nuestra aproximación fue válida y en efecto, así ocurre en la mayoría de las veces.

Precipitación fraccionada

Otra aplicación de los equilibrios de solubilidad es la posibilidad de separar iones que están juntos en disolución al añadir un ión con el que pueda formar precipitados y dejar en solución a los demás iones. Para esto, se deben de seleccionar juegos de iones con una marcada diferencia de K_{ps} para dar un intervalo que permita la completa separación entre iones.

7. Equilibrios de solubilidad

Por ejemplo, en una disolución que contiene tanto iones Pb^{2+} como Sr^{2+} en concentraciones de 0.5 M para ambos, si añadimos lentamente iones carbonato (por ejemplo, en forma de Na_2CO_3), observaremos que se irá formando un precipitado de carbonato de plomo ($K_{ps} = 3.3\times10^{-14}$) hasta que la concentración de carbonato facilite la formación de carbonato de estroncio ($K_{ps} = 1.6\times10^{-9}$). Obsérvese que el primer compuesto en precipitar es aquel con la K_{ps} más baja (y por consiguiente menos soluble que el otro compuesto con potencial a precipitar). Pero, ¿cuál sería esa concentración crítica a la cual es posible precipitar el Pb^{2+} dejando el Sr^{2+} en solución?

$$PbCO_{3(s)} \leftrightarrow Pb^{2+}_{(ac)} + CO^{2-}_{3(ac)} \qquad K_{ps} = 3.3 \times 10^{-14}$$

Dado que $K_{ps} = [Pb^{2+}][CO_3^{2-}] \therefore [CO_3^{2-}] = \dfrac{K_{ps}}{[Pb^{2+}]} = \dfrac{3.3 \times 10^{-14}}{0.5} = 6.6 \times 10^{-14}$ M

Que es la concentración a la cual comenzará a precipitar el $PbCO_3$

$$SrCO_{3(s)} \leftrightarrow Sr^{2+}_{(ac)} + CO^{2-}_{3(ac)} \qquad K_{ps} = 1.6 \times 10^{-9}$$

Como $K_{ps} = [Sr^{2+}][CO_3^{2-}] \therefore [CO_3^{2-}] = \dfrac{K_{ps}}{[Sr^{2+}]} = \dfrac{1.6 \times 10^{-9}}{0.5} = 3.2 \times 10^{-9}$ M

Que es la concentración a la cual comenzará a precipitar el $SrCO_3$; por lo tanto, tenemos un límite de 3.2×10^{-9} M debajo del cual precipitaremos el plomo, dejando el estroncio ionizado utilizando esta metodología de separación de iones.

Problemas resueltos:

1. Calcule la solubilidad en g/L del $CaCO_3$.

   Planteamiento y respuesta: Dado que en el equilibrio el coeficiente estequiométrico del Ca^{2+} y el CO_3^{2-} es de 1, s será igual a la raíz cuadrada de K_{ps} según la tabla 7.1:

   $$s = \sqrt{8.7 \times 10^{-9}} = 9.3274 \times 10^{-5} \text{ M}$$

   Convirtiendo unidades de molaridad a g/L:

$$9.3274 \times 10^{-5} \frac{\cancel{\text{mol CaCO}_3}}{L} \left(\frac{100.09 \text{ g}}{1 \, \cancel{\text{mol CaCO}_3}} \right) = 9.3358 \times 10^{-3} \frac{g}{L}$$

2. Calcule la solubilidad molar del Hidróxido de hierro (II) a pH 10.00.

   Planteamiento y respuesta: Tenemos que considerar el efecto del pH en la solubilidad del compuesto, pues al ser un hidróxido, su solubilidad se verá disminuida en medio básico y favorecida en medio ácido por el efecto del ión común:

   $$pOH = 14 - pH = 14 - 10 = 4$$

   $$[OH^-] = 10^{-4} = 1 \times 10^{-4} \, M$$

   $$Fe(OH)_{2(s)} \leftrightarrow Fe^{2+} + 2OH^-_{(ac)}$$

   $$K_{ps} = [Fe^{2+}][OH^-]^2 \therefore 1.6 \times 10^{-14} = [s][s + 1 \times 10^{-4}]^2$$

   Aproximando $s + 1 \times 10^{-4} \approx 1 \times 10^{-4}$:

   $$1.6 \times 10^{-14} = 1 \times 10^{-8} s \therefore s = \frac{1.6 \times 10^{-14}}{1 \times 10^{-8}} = 1.6 \times 10^{-6} \, M^*$$

   Comprobando nuestra aproximación tenemos:

   $$1.6 \times 10^{-14} = [s][s + 1 \times 10^{-4}]^2 = [1.6 \times 10^{-6}][1.6 \times 10^{-6} + 1 \times 10^{-4}]^2$$

   $$1.6 \times 10^{-14} \approx 1.6516 \times 10^{-14}$$

   * Utilizando un software se obtiene un resultado de 1.5515×10^{-6} M al resolver la ecuación cúbica.

3. El pH de una solución saturada de un hidróxido metálico MOH es 8.35, ¿Cuál es su K_{ps}?

   Planteamiento y respuesta: Aunque no nos den las concentraciones iónicas de los componentes en una solución saturada, mediante el pH podemos obtener la concentración de hidroxilos de manera indirecta y, al estar ésta en relación 1:1 con el catión metálico, la concentración del catión será la misma que la de los hidroxilos:

   $$pOH = 14 - pH = 14 - 8.35 = 5.65$$

$$[OH^-] = 10^{-5.65} = 2.2387 \times 10^{-6} \text{ M}$$

$$[M^+] = 2.2387 \times 10^{-6} \text{ M}$$

$$K_{ps} = [2.2387 \times 10^{-6}][2.2387 \times 10^{-6}] = 5.0 \times 10^{-12}$$

7. Equilibrios de solubilidad

Problemas complementarios

1. Para el cromato de plata:
   a) La solubilidad es el doble de la concentración del ión cromato
   b) La solubilidad es igual a la concentración de iones plata
   c) La solubilidad es tres veces la concentración de cromato
   d) La solubilidad es igual a la concentración de cromato

2. Calcule la solubilidad molar de los siguientes compuestos:
   a. Fosfato de bario
   b. Carbonato de bario
   c. Hidróxido de hierro (II) a pH 8.00
   d. Hidróxido de aluminio
   e. Sulfuro de bismuto

3. Calcule la solubilidad en g/mL de los siguientes compuestos:
   a. Carbonato de plomo (II)
   b. Hidróxido de magnesio
   c. Hidróxido de magnesio a pH 9
   d. Fluoruro de calcio
   e. Sulfuro de estaño (II)

4. Calcule la K_{ps} de los siguientes compuestos, según las observaciones descritas:
   a. Carbonato de hierro (II) (solubilidad molar = 5.91×10^{-6} M)
   b. Cromato de mercurio (II) (solubilidad molar = 7.94×10^{-4} M)
   c. Fosfato de plata, si se sabe que en solución saturada hay 4.8×10^{-6} mmol/mL de iones Ag^+
   d. Carbonato de estroncio si se sabe que se pueden disolver 0.0059 g de éste en 1 L de agua.
   e. Un compuesto desconocido de fórmula (M_2X_3) con PM = 288 g/mol y una solubilidad molar de 3.6×10^{-17} g/L

5. Calcular el pH de las soluciones saturadas de:
   a. Hidróxido de calcio
   b. Hidróxido de zinc

c. Hidróxido de hierro (II)

6. El pH de una solución saturada de un hidróxido metálico $M(OH)_3$ es 9.25, ¿Cuál es su K_{ps}?

7. Prediga si los siguientes compuestos serán más solubles en disolución ácida que en agua:
   a. Hidróxido de aluminio
   b. Sulfuro de cadmio
   c. Cromato de plomo (II)
   d. Bromuro de cobre
   e. Carbonato de estroncio

8. Calcule la solubilidad molar del sulfuro de manganeso (II) en una solución 0.05 M de sulfato de manganeso (II)

9. Calcule la solubilidad en g/L del cloruro de mercurio (I) en una solución 2.2×10^{-3} M de cloruro de sodio

10. Calcule solubilidad en g/dL del fosfato de calcio en una solución con iones fosfato a 1.5×10^{-3} M.

11. Prediga si se formará un precipitado en las siguientes situaciones:
    a. Una solución de nitrato ferroso 1.0×10^{-3} M cuando se le agregan 100 mL de carbonato de sodio 1.6×10^{-3} M.
    b. Al mezclar 70 mL de fluoruro de sodio 0.050 M con 20 mL de nitrato de estroncio 0.02 M.
    c. Al añadir 3 mL de bromuro de sodio 0.002 M a un volumen de 500 mL de nitrato de cobre (I) 0.001 M

12. Calcular el pH necesario para precipitar hidróxido de cerio, si existen en solución 0.03 mmol/mL de Ce^{2+} ($K_{ps} = 2.0 \times 10^{-20}$)

13. En una solución hay iones Cl^-, I^- y F^- y para separarlos, se plantea agregar lentamente nitrato de plomo.
    a. ¿Cuál será el orden de separación de dichos iones con este método?
    b. ¿Resultaría práctico este planteamiento?

14. Si se agregan iones plata, sin cambiar el volumen, a 1.0 L de solución que contiene 0.35 moles de iones cloruro y 0.20 moles de iones fosfato, calcula la concentración de iones plata que se requieren para iniciar:

a. La precipitación de cloruro de plata

b. La precipitación de fosfato de plata

15. Se añade yoduro de sodio sólido a una disolución con una concentración tanto de iones Cu^{2+} como de iones Ag^+ de 0.005 M.

    a. ¿A qué concentración de yoduro de sodio comienza la precipitación de yoduro de plata?

    b. ¿Cuál será la máxima concentración permisible de yoduro para precipitar yoduro de plata sin precipitar yoduro de cobre?

    c. ¿Qué porcentaje de iones Ag^+ no se pudieron separar por éste procedimiento a dicha concentración crítica?

16. A 400 mL de una disolución saturada de carbonato de bario mantenida a 10°C se le añade suficiente ácido clorhídrico para descomponer el compuesto y general dióxido de carbono, el cual ejerció una presión de 100 mmHg y ocupó un volumen de 5 mL a dicha temperatura. ¿Cuál es el valor de K_{ps} del carbonato de bario a dicha temperatura?

Capítulo 8. Electroquímica

Antes de adentrarnos al estudio de la inter-conversión de energía química a eléctrica debemos definir algunos conceptos físicos de electricidad para que podamos tener una mejor comprensión de los cálculos electroquímicos.

La electricidad es el flujo de electrones, así pues, nos la podemos imaginar como el transporte de algún material. Pongamos por ejemplo arena transportada por un camión de carga: La cantidad de arena serían los electrones y para saber qué cantidad de arena tenemos utilizamos el kilogramo como unidad de medida, ya que es impráctico contar los granos de arena. De manera análoga, **la cantidad de carga eléctrica** se mide en coulombs (C) con el objetivo de no contar el número de electrones (1 C = 6.2415×10^{18} e$^-$). A raíz de esta equivalencia, tenemos que 1 mol de e$^-$ representan una carga de 96 485 C, a lo cual se le conoce como **constante de Faraday (F)**.

Cuantitativamente se tiene que la **intensidad de corriente eléctrica** está definida por el Ampere (A), el cual representa la intensidad de corriente con la que fluye 1 Coulomb (C) en 1 segundo (A = C/s). Regresando a la analogía, la cantidad de arena transportada por unidad de tiempo sería la intensidad de corriente.

De la misma manera que cuando se habla de la energía potencial que posee un objeto a determinada altura a consecuencia de la atracción gravitacional que ejerce la tierra sobre de él, tenemos que el **potencial eléctrico** es la cantidad de energía relacionada al movimiento de cargas en contra de un campo eléctrico. La **diferencia de potencial o fuerza electromotriz (fem)**, es el trabajo que se necesita para mover dichas cargas. Ambos parámetros se miden en volts (V), unidad que indica la cantidad de trabajo por unidad de carga (1 joule de trabajo por cada coulomb movilizado), es decir 1 V = 1J / 1C. Por ejemplo, una batería de 1.5 V realiza 1.5 joules de trabajo sobre cada coulomb de carga transferido desde el extremo de bajo potencial (de signo –) al extremo de alto potencial (de signo +), análogamente a lo que haría una bomba hidráulica para mantener el flujo de la corriente de agua a través de una tubería.

Fuerza electromotriz y celdas electroquímicas

Las aplicaciones de la electroquímica van desde el diseño de fuentes de energía eléctrica a partir de reacciones de óxido – reducción espontáneas (como ocurre con las pilas alcalinas, los acumuladores de los automóviles o las baterías de ión de litio de los equipos electrónicos modernos); hasta las titulaciones de ciertos cationes en solución o las determinaciones cuantitativas de analitos en una gran variedad de muestras.

Una celda electroquímica es un dispositivo que convierte la energía química en la energía eléctrica necesaria para mantener un flujo continuo de carga eléctrica.

Para el diseño de las celdas electroquímicas, tenemos valores establecidos expresados como semirreacciones de **reducción en condiciones estándar** (concentración 1 M para especies en solución, presión de 1 atm para gases y temperatura de 25 °C) los cuales nos **indican el voltaje generado** cuando una especie química en particular se reduce, al compararla con el electrodo de referencia de hidrógeno, al cual, por convención se le asigna el valor de 0.0 V (Tabla 8.1)

$$\text{Oxidante} + ne^- \rightarrow \text{Reductor} \qquad E^o_{\text{Reducción}}$$

Vale la pena recordar que la especie oxidante es la que se reduce (recibe electrones) y el reductor se oxida, pues cede electrones (mnemotecnia OEPREG) y que los electrones que recibe el oxidante deben ser numéricamente igual a los que cede el reductor en la ecuación global (el fundamento del balanceo por método redox).

Mientras más positivo sea este valor, la especie se considera como un oxidante más fuerte (lo cual implica que el oxidante más fuerte sea el flúor) y mientras más negativo sea dicho valor, la especie será un reductor más fuerte (por lo que se establece que el litio es el reductor más fuerte conocido).

En las celdas electroquímicas tenemos dos electrodos, es decir, superficies metálicas en donde se llevan a cabo las reacciones de oxidación (ánodo) y reducción (cátodo). Por convención, al ánodo se le representa con el signo negativo, ya que en la oxidación los electrones figuran del lado de los productos y el cátodo se representa con el signo positivo ya que en la reducción los electrones aparecen del lado de los reactivos (figura 8.1).

Tabla 8.1 Potenciales estándar de reducción* a 25°C

Elemento involucrado	Media reacción	E° (V)
Ag	$Ag^+_{(ac)} + e^- \rightarrow Ag_{(s)}$	+0.799
	$AgBr_{(s)} + e^- \rightarrow Ag_{(s)} + Br^-_{(ac)}$	+0.095
	$AgCl_{(s)} + e^- \rightarrow Ag_{(s)} + Cl^-_{(ac)}$	+0.222
	$AgCrO_{4(s)} + 2e^- \rightarrow 2Ag_{(s)} + CrO^{2-}_{4(ac)}$	+0.446
	$AgI_{(s)} + e^- \rightarrow Ag_{(s)} + I^-_{(ac)}$	−0.151
	$Ag(S_2O_3)^{3-}_{2(ac)} + e^- \rightarrow Ag_{(s)} + 2S_2O^{2-}_{3(ac)}$	+0.010
Al	$Al^{3+}_{(ac)} + 3e^- \rightarrow Al_{(s)}$	−1.660
As	$H_3AsO_{4(ac)} + 2H^+_{(ac)} + 2e^- \rightarrow H_3AsO_{3(ac)} + H_2O_{(l)}$	+0.559
Au	$Au^{3+}_{(ac)} + 3e^- \rightarrow Au_{(s)}$	+1.500
Ba	$Ba^{2+}_{(ac)} + 2e^- \rightarrow Ba_{(s)}$	−2.900
Br	$Br_{2(l)} + 2e^- \rightarrow 2Br^-_{(ac)}$	+1.065
C	$2CO_{2(g)} + 2H^+_{(ac)} + 2e^- \rightarrow H_2C_2O_{4(ac)}$	−0.490
Ca	$Ca^{2+}_{(ac)} + 2e^- \rightarrow Ca_{(s)}$	−2.870
Cl	$Cl_{2(g)} + 2e^- \rightarrow 2Cl^-_{(ac)}$	+1.359
	$HClO_{(ac)} + H^+_{(ac)} + e^- \rightarrow Cl_{2(g)} + H_2O_{(l)}$	+1.630
	$ClO^-_{(ac)} + H_2O_{(l)} + 2e^- \rightarrow Cl^-_{(ac)} + 2OH^-_{(ac)}$	+0.890
Cd	$Cd^{2+}_{(ac)} + 2e^- \rightarrow Cd_{(s)}$	−0.400
Co	$Co^{2+}_{(ac)} + 2e^- \rightarrow Co_{(s)}$	−0.277
	$Co^{3+}_{(ac)} + e^- \rightarrow Co^{2+}_{(ac)}$	+1.842
Cr	$Cr^{3+}_{(ac)} + e^- \rightarrow Cr^{2+}_{(ac)}$	−0.410
	$Cr^{3+}_{(ac)} + 3e^- \rightarrow Cr_{(s)}$	−0.740
	$Cr_2O^{2-}_{7(ac)} + 14H^+_{(ac)} + 6e^- \rightarrow 2Cr^{3+}_{(ac)} + 7H_2O_{(l)}$	+1.330
	$CrO^{2-}_{4(ac)} + 4H_2O_{(l)} + e^- \rightarrow Cr(OH)_{3(s)} + 5OH^-_{(ac)}$	−0.130
Cu	$Cu^{2+}_{(ac)} + 2e^- \rightarrow Cu_{(s)}$	+0.337
	$Cu^{2+}_{(ac)} + e^- \rightarrow Cu^+_{(ac)}$	+0.153
	$Cu^+_{(ac)} + e^- \rightarrow Cu_{(s)}$	+0.521
	$CuI_{(s)} + e^- \rightarrow Cu_{(s)} + I^-_{(ac)}$	−0.185
F	$F_{2(g)} + 2e^- \rightarrow 2F^-_{(ac)}$	+2.870
Fe	$Fe^{2+}_{(ac)} + 2e^- \rightarrow Fe_{(s)}$	−0.440
	$Fe^{3+}_{(ac)} + e^- \rightarrow Fe^{2+}_{(ac)}$	+0.771
	$Fe^{3+}_{(ac)} + 3e^- \rightarrow Fe_{(s)}$	−0.037
	$Fe(CN)^{3-}_{6(ac)} + e^- \rightarrow Fe(CN)^{4-}_{6(ac)}$	+0.360
H	$2H^+_{(ac)} + 2e^- \rightarrow H_{2(g)}$	0.000
Hg	$Hg^{2+}_{2(ac)} + 2e^- \rightarrow 2Hg_{(l)}$	+0.789
	$Hg^{2+}_{(ac)} + 2e^- \rightarrow Hg_{(l)}$	+0.854
	$2Hg^{2+}_{(ac)} + 2e^- \rightarrow Hg^{2+}_{2(ac)}$	+0.920

Elemento involucrado	Media reacción	E° (V)
	$Hg_2Cl_{2(s)} + 2e^- \rightarrow 2Hg_{(l)} + 2Cl^-$	+0.268
I	$I_{2(s)} + 2e^- \rightarrow 2I^-_{(ac)}$	+0.536
	$I_{2(ac)} + 2e^- \rightarrow 2I^-_{(ac)}$	+0.615
	$2IO_{3(ac)}^- + 12H^+_{(ac)} + 10e^- \rightarrow I_{2(s)} + 6H_2O_{(l)}$	+1.195
K	$K^+_{(ac)} + e^- \rightarrow K_{(s)}$	-2.925
Li	$Li^+_{(ac)} + e^- \rightarrow Li_{(s)}$	-3.050
Mg	$Mg^{2+}_{(ac)} + 2e^- \rightarrow Mg_{(s)}$	-2.370
Mn	$Mn^{2+}_{(ac)} + 2e^- \rightarrow Mn_{(s)}$	-0.180
	$MnO_{2(s)} + 4H^+_{(ac)} + 2e^- \rightarrow Mn^{2+}_{(ac)} + H_2O_{(l)}$	+1.230
	$MnO_{4(ac)}^- + 8H^+_{(ac)} + 5e^- \rightarrow Mn^{2+}_{(ac)} + 4H_2O_{(l)}$	+1.510
	$MnO_{4(ac)}^- + 2H_2O_{(l)} + 3e^- \rightarrow MnO_{2(s)} + 4OH^-_{(ac)}$	+0.590
	$MnO_{4(ac)}^- + 4H^+_{(ac)} + 3e^- \rightarrow MnO_{2(s)} + 6H_2O_{(l)}$	+1.695
	$Mn(OH)_{2(s)} + 2e^- \rightarrow Mn_{(s)} + 2OH^-_{(ac)}$	-1.550
N	$HNO_{2(ac)} + H^+_{(ac)} + e^- \rightarrow NO_{(g)} + H_2O_{(l)}$	+1.000
	$N_{2(g)} + 4H_2O_{(l)} + 4e^- \rightarrow 4OH^-_{(ac)} + N_2H_{4(ac)}$	-1.160
	$N_{2(g)} + 5H^+_{(ac)} + 4e^- \rightarrow 4OH^-_{(ac)} + N_2H^+_{5(ac)}$	-0.230
	$NO_{3(ac)}^- + 4H^+_{(ac)} + 3e^- \rightarrow NO_{(g)} + 2H_2O_{(l)}$	+0.960
Na	$Na^+_{(ac)} + e^- \rightarrow Na_{(s)}$	-0.271
Ni	$Ni^{2+}_{(ac)} + 2e^- \rightarrow Ni_{(s)}$	-0.250
O	$O_{2(g)} + 4H^+_{(ac)} + 4e^- \rightarrow 2H_2O_{(l)}$	+1.230
	$2H_2O_{(l)} + 2e^- \rightarrow H_{2(g)} + 2OH^-_{(ac)}$	-0.830
	$H_2O_{2(l)} + 2H^+ + 2e^- \rightarrow H_2O_{(l)}$	+1.776
	$O_{2(g)} + 2H_2O_{(l)} + 4e^- \rightarrow 4OH^-_{(ac)}$	+0.400
	$O_{2(g)} + 2H^+_{(ac)} + 2e^- \rightarrow H_2O_{2(ac)}$	+0.680
	$O_{3(g)} + 2H^+_{(ac)} + 2e^- \rightarrow O_{2(g)} + H_2O_{(l)}$	+2.070
Pb	$Pb^{2+}_{(ac)} + 2e^- \rightarrow Pb_{(s)}$	-0.126
	$PbO_{2(s)} + SO_{4(ac)}^{2-} + 4H^+ + 2e^- \rightarrow PbSO_{4(s)} + 2H_2O_{(l)}$	+1.685
	$PbSO_{4(s)} + 2e^- \rightarrow Pb_{(s)} + SO_{4(ac)}^{2-}$	-0.356
Pt	$PtCl_{4(ac)}^{2-} + 2e^- \rightarrow Pt_{(s)} + 4Cl^-_{(ac)}$	+0.730
S	$S_{(s)} + H^+_{(ac)} + 2e^- \rightarrow H_2S_{(g)}$	+0.141
	$SO_{4(ac)}^{2-} + 8H^+_{(ac)} + 8e^- \rightarrow S^{2-} + 4H_2O$	+0.140
	$H_2SO_{3(ac)} + H^+_{(ac)} + 2e^- \rightarrow S_{(s)} + 3H_2O_{(l)}$	+0.450
	$SO_{4(ac)}^{2-} + 4H^+_{(ac)} + 2e^- \rightarrow H_2SO_{3(ac)} + H_2O_{(l)}$	+0.170
	$S_4O_{6(ac)}^{2-} + 2e^- \rightarrow 2S_2O_{3(ac)}^{2-}$	+0.080
	$S_2O_{8(ac)}^{2-} + 2e^- \rightarrow 2SO_{4(ac)}^{2-}$	+2.010
Sn	$Sn^{2+}_{(ac)} + 2e^- \rightarrow Sn_{(s)}$	-0.136
	$Sn^{4+}_{(ac)} + 2e^- \rightarrow Sn^{2+}_{(ac)}$	+0.150
U	$UO^{2+}_{2(ac)} + 4H^+ + 2e^- \rightarrow U^{4+}_{(ac)} + 2H_2O_{(l)}$	+0.334
V	$VO^+_{2(ac)} + 2H^+_{(ac)} + e^- \rightarrow VO^{2+}_{(ac)} + H_2O_{(l)}$	+1.000
Zn	$Zn^{2+}_{(ac)} + 2e^- \rightarrow Zn_{(s)}$	-0.763

*Para todas las especies disueltas la concentración es 1M y para los gases la presión es de 1 atm

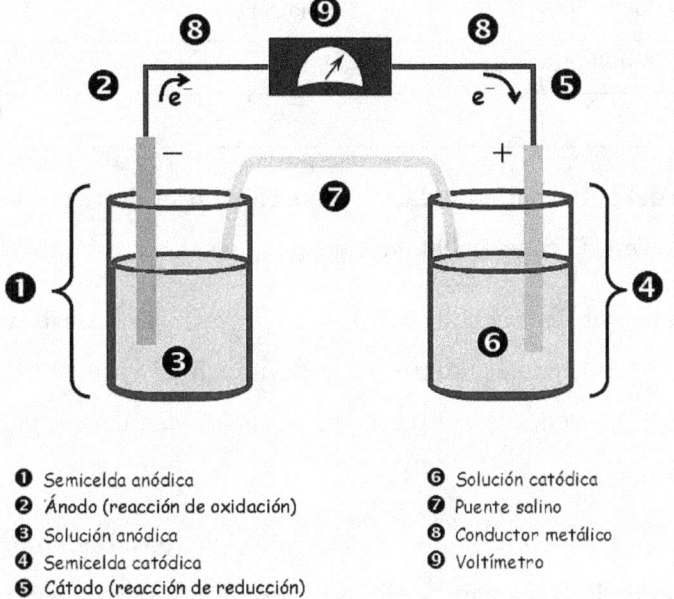

❶ Semicelda anódica
❷ Ánodo (reacción de oxidación)
❸ Solución anódica
❹ Semicelda catódica
❺ Cátodo (reacción de reducción)
❻ Solución catódica
❼ Puente salino
❽ Conductor metálico
❾ Voltímetro

Figura 8.1 Representación esquemática de las partes de una celda electroquímica

Las celdas se representan mediante un esquema con barras horizontales, en donde una barra representa la separación entre las especies presentes en cada una de las semirreacciones y una doble barra la separación entre las dos reacciones de semicelda (puente salino), con el reactivo a la izquierda y el producto a la derecha en cada par. Por convención siempre se escribe primero la oxidación (ánodo) y después la reducción (cátodo). Así pues, el siguiente diagrama:

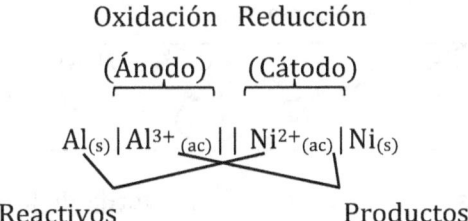

Se puede interpretar de la siguiente manera, al balancear el número de electrones:

$$2Al_{(s)} + 3Ni^{2+}_{(ac)} \rightarrow 2Al^{3+}_{(ac)} + 3Ni_{(s)}$$

O bien, a manera de semirreacciones:

Electrodo	Media reacción	E° (V)
Cátodo (reducción)	$Ni^{2+}_{(ac)} + 2e^- \rightarrow Ni_{(s)}$	-0.280
Ánodo (oxidación)	$Al_{(s)} + 3e^- \rightarrow Al^{3+}_{(ac)}$	-1.660

El valor del potencial estándar de reducción no se altera por los coeficientes estequiométricos en la ecuación balanceada, ya que es una propiedad intensiva.

De igual manera que con los ácidos y las bases a través de los valores de pK_a, podemos hacer predicciones sobre la espontaneidad y cuantitividad de las reacciones de óxido – reducción a través de los valores, en este caso, de potencial estándar de reducción.

Supongamos que queramos evaluar lo que pasaría si pusiéramos en contacto dicromato de potasio en medio ácido con bario metálico. Buscamos en las tablas las medias reacciones de las especies involucradas y escribimos la media reacción con valor más positivo (o menos negativo) por encima de la otra:

Media reacción	E° (V)
$Cr_2O_7^{2-}{}_{(ac)} + 14H^+_{(ac)} + 6e^- \rightarrow 2Cr^{3+}_{(ac)} + 7H_2O_{(l)}$	+1.330
$Ba^{2+}_{(ac)} + 2e^- \rightarrow Ba_{(s)}$	-2.900

Subsecuentemente, identificamos las especies de interés:

Media reacción	E° (V)
$Cr_2O_7^{2-}{}_{(ac)} + 14H^+_{(ac)} + 6e^- \rightarrow 2Cr^{3+}_{(ac)} + 7H_2O_{(l)}$	+1.330
$Ba^{2+}_{(ac)} + 2e^- \rightarrow Ba_{(s)}$	-2.900

La(s) especie(s) que quede(n) a la izquierda de la semirreacción superior reaccionará(n) con la(s) especie(s) que quede(n) a la derecha de la semirreacción inferior (regla de las diagonales). En nuestro ejemplo esto se cumple y, por lo tanto, podemos asegurar que la reacción transcurrirá de manera espontánea de la siguiente manera:

$$Cr_2O_7^{2-}{}_{(ac)} + 14H^+_{(ac)} + 3Ba_{(s)} \rightarrow 2Cr^{3+}_{(ac)} + 7H_2O_{(l)} + 3Ba^{2+}_{(ac)}$$

8. Electroquímica

Caso contrario, el ión Ba²⁺ no podrá reaccionar espontáneamente ni con el ión dicromato en medio ácido, ni con los iones Cr³⁺ al no cumplirse la regla:

Media reacción	E° (V)
$Cr_2O_7^{2-}{}_{(ac)} + 14H^+_{(ac)} + 6e^- \rightarrow 2Cr^{3+}_{(ac)} + 7H_2O_{(l)}$	+1.330
$Ba^{2+}_{(ac)} + 2e^- \rightarrow Ba_{(s)}$	−2.900

Media reacción	E° (V)
$Cr_2O_7^{2-}{}_{(ac)} + 14H^+_{(ac)} + 6e^- \rightarrow 2Cr^{3+}_{(ac)} + 7H_2O_{(l)}$	+1.330
$Ba^{2+}_{(ac)} + 2e^- \rightarrow Ba_{(s)}$	−2.900

Cabe resaltar que cuando las sustancias no se encuentren en medio ácido (y, por consiguiente, no se encuentre completa la semirreacción que involucra al dicromato) tampoco procederá la reacción.

Una vez establecida la espontaneidad de la reacción, es de relevancia conocer la **fem estándar de la celda**, la cual se obtiene mediante la siguiente fórmula:

$$E^o_{celda} = E^o_{cátodo} - E^o_{ánodo}$$

A éste nivel, es común tener muchas confusiones sobre qué semirreacción se lleva a cabo en el cátodo y cuál en el ánodo. Basta con tener presente que en el **c**átodo se lleva a cabo la **r**educción (ambas palabras empiezan con consonantes) y en el **á**nodo la **o**xidación (empiezan con vocales).

En nuestro ejemplo:

	Media reacción	E° (V)
Cátodo	$Cr_2O_7^{2-}{}_{(ac)} + 14H^+_{(ac)} + 6e^- \rightarrow 2Cr^{3+}_{(ac)} + 7H_2O_{(l)}$	+1.330
Ánodo	$Ba^{2+}_{(ac)} + 2e^- \rightarrow Ba_{(s)}$	−2.900

Sustituyendo:

$$E^o_{celda} = 1.330\ V - (-2.900\ V) = 4.230\ V$$

El signo positivo nos indica que la reacción es espontánea, pero ahora, a diferencia de la regla de las diagonales, podemos utilizar el valor para predecir si la reacción puede ser aplicada para fines cuantitativos, esto si dicha fem es mayor o igual a 0.2 V (requisito que, por mucho, se cumple en este ejemplo).

Parámetros fisicoquímicos de las reacciones redox

Más profundamente, por medio de relaciones fisicoquímicas que no se detallan aquí, se pueden establecer fórmulas que relacionan el potencial de celda, el cambio de energía libre de Gibbs (ΔG^0) y la constante de equilibrio (K) para cualquier reacción redox determinada, con la finalidad de que al conocer alguno de estos parámetros, se puedan conocer los dos restantes:

$$\Delta G^O = -nFE^o_{celda}$$

$$K = 10^{\frac{n(E^o_{celda})}{0.0592}}$$

$$E^o_{celda} = \frac{0.0592}{n} \log K$$

Donde

ΔG^o: Cambio de energía libre de Gibbs estándar en $\frac{J}{mol}$

n: Moles de electrones que pasan por cada mol de reacción

F: Constante de Faraday = 96 485 C/mol e⁻

Prosiguiendo con nuestro ejemplo de $K_2Cr_2O_7$ y Ba, si quisiéramos determinar ΔG^o y K de nuestro sistema diríamos:

$$\Delta G^O = -(6e^-)(96\,485\,\frac{C}{mol\,e^-})(4.230\,\frac{J}{C})$$

$$\Delta G^O = -2.4488 \times 10^6 \frac{J}{mol} = -2448.8 \frac{KJ}{mol}$$

$$K = 10^{\frac{6(4.230)}{0.0592}} = 10^{428.7}$$

* n vale 6 ya que, al realizar el balance de electrones multiplicando por 1 la semirreacción de reducción y por 3 la semirreacción de oxidación, el número de electrones en ambas semirreacciones queda en 6.

* El valor grande y negativo de ΔG^o y el valor extremadamente grande y mayor a 1 de K concuerdan con un proceso espontáneo, según los datos de la tabla 8.2.

Tabla 8.2 Correlaciones entre parámetros fisicoquímicos y el potencial de celda con la espontaneidad de las reacciones redox.

ΔG^o	K	E^o_{celda}	Dirección de la reacción
Negativo	>1	Positivo	Favorece formación de productos (Si E^o_{celda} >0.2 V la reacción es cuantitativa)
0	1	0	Reacción en equilibrio
Positivo	<1	Negativo	Favorece la formación de reactivos

Efecto de la concentración en el potencial de celda

Todo lo anterior sólo se cumple en condiciones estándar, pero ¿qué pasa cuando las concentraciones no son 1 M o la presión ejercida de los gases no es 1 atm? La respuesta está en la **ecuación de Nernst**:

$$E = E^o - \frac{0.0592}{n} \log Q$$

Donde

E: Potencial de celda en condiciones no estándar

Q: Cociente de reacción (misma expresión matemática que K, pero con concentraciones fuera del equilibrio)

$$Q = \frac{[C]_0^c [D]_0^d}{[A]_0^a [B]_0^b}$$

Por lo tanto, si quisiéramos saber el potencial de celda de nuestra reacción de ejemplo con todos los productos a una concentración de 0.1 M y de todos los reactivos a 0.005 M tenemos:

Ecuación balanceada: $Cr_2O_{7(ac)}^{2-} + 14H_{(ac)}^+ + 3Ba_{(s)} \rightarrow 2Cr_{(ac)}^{3+} + 7H_2O_{(l)} + 3Ba_{(ac)}^{2+}$

Sustituyendo valores en la ecuación de Nernst:

$$E = 4.230 - \frac{0.0592}{6} \log \frac{[Cr^{3+}]^2[Ba^{2+}]^3}{[Cr_2O_7^{2-}][H^+]^{14}}$$

Observaciones:

* n vale 6 ya que, al realizar el balance de electrones multiplicando por 1 la semirreacción de reducción y por 3 la semirreacción de oxidación, el número de electrones en ambas semirreacciones queda en 6.

* Ni el agua ni el bario metálico se toman en cuenta en el cálculo de Q ya que ni los disolventes ni las especies en estado sólido son consideradas en las expresiones de equilibrio.

* En el supuesto de que tuviéramos una especie gaseosa se utilizaría el valor de la presión ejercida por él en atm en vez de su molaridad, de igual manera, elevada a su coeficiente estequiométrico en la ecuación balanceada.

Sustituyendo las concentraciones dadas por el problema:

$$E = 4.230 - \frac{0.0592}{6} \log \frac{[0.1]^2[0.1]^3}{[0.005][0.005]^{14}}$$

$$E = 4.230 - 9.8667 \times 10^{-3} \log \frac{1 \times 10^{-5}}{3.0518 \times 10^{-35}}$$

$$E = 4.230 - 9.8667 \times 10^{-3}(29.5154)$$

$$E = 3.939 \text{ V}$$

Como podemos apreciar, el potencial de celda baja su valor y por consiguiente, obtendremos un voltaje menor en éstas condiciones respecto a las condiciones estándar.

La ecuación de Nernst no sólo se aplica al cálculo del potencial de celda en condiciones no estándar como lo acabamos de ver, sino que también se puede utilizar para encontrar la concentración de alguna especie dentro del sistema dado el potencial real de celda y las concentraciones de los demás componentes; o bien, determinar en qué relación deberán de encontrarse las concentraciones de productos y reactivos para que una reacción no espontánea bajo condiciones estándar pueda ocurrir.

Electrólisis

El proceso de **electrólisis** consiste en utilizar energía eléctrica para llevar a cabo una reacción de óxido – reducción no espontánea bajo condiciones normales en una celda electrolítica (lo opuesto al caso de las celdas electroquímicas) con el fin de recuperar elementos puros o de recubrir superficies con capas delgadas de metales preciosos (figura 8.2).

De lo expuesto sobre electricidad al inicio del capítulo, podemos seleccionar las equivalencias relevantes para la resolución de problemas electroquímicos relacionados con la electrólisis, ya que éstos siempre rondan entre calcular la cantidad de sustancia que se deposita en un electrodo, la intensidad de corriente que debemos aplicar al sistema o el tiempo necesario para obtener resultados específicos:

$$1F = 1 \text{ mol } e^- = 96\,485 \text{ C}$$

$$A = \frac{C}{s} \therefore C = A \times s$$

Cuando nos plantean un problema de electrólisis nos describirán una situación en la que se pasa una cierta cantidad de corriente eléctrica por un determinado tiempo, a través de ya sea una solución ácida (en el caso de la electrólisis del agua) o de una sal fundida. Con una sal disuelta no siempre se obtienen sus componentes en los respectivos electrodos, pues si el potencial estándar de reducción de uno de los iones es menor al del agua, se puede obtener oxígeno o hidrógeno en un electrodo en vez del elemento deseado.

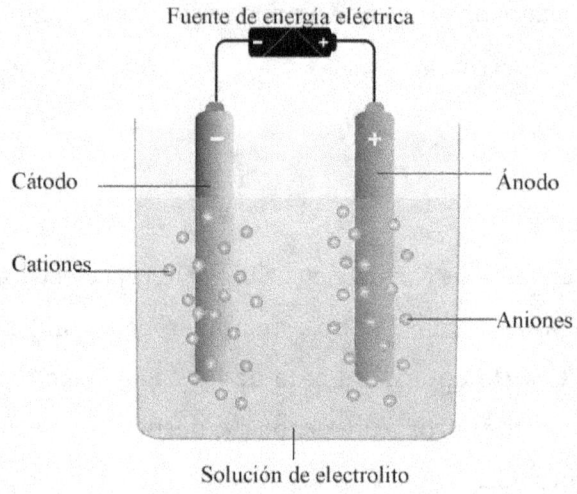

Figura 8.2 Representación esquemática de una celda electrolítica

Tenemos una celda electrolítica por la que pasan 3.50 A por un lapso de 5.00 h a través de una sal fundida de cloruro de magnesio y queremos saber qué cantidad de magnesio metálico y gas cloro se formarán en los electrodos.

Escribiremos primero las semirreacciones que ocurren en nuestro sistema y realizaremos un esquema a manera ilustrativa, para representar el proceso:

Ánodo (oxidación): $2Cl^-_{(l)} \rightarrow Cl_{2(g)} + 2e^-$

Cátodo (reducción): $Mg^{2+}_{(l)} + 2e^- \rightarrow Mg_{(l)}$

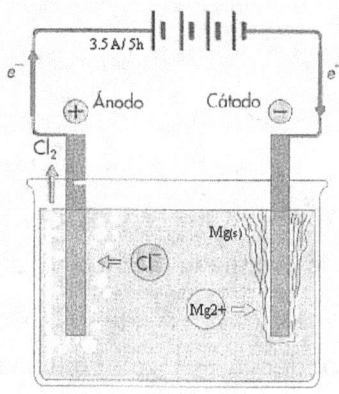

Obsérvese que, aunque se cambie el estado de agregación de las especies involucradas al estar fundida la sal, no tiene relevancia para los fines que estamos revisando ya que no involucra constantes de equilibrio.

En el entendido de que 1 F equivale a 1 mol de electrones, resulta lógico pensar que primero debemos establecer el número de C que pasan por la sal para que de ahí se relacionen éstos con el número de moles de electrones necesarios para reducir el Mg^{2+} o liberados al oxidar el ión cloruro y, consecuentemente, obtener el número de moles (o gramos) de producto:

Dado que 1 h = 60 min = 3600 s tenemos que C= (3.50 A) (18 000 s) = 63 000 C

$$63\,000\,C \left(\frac{1\text{ mol }e^-}{96485\text{ C}}\right)\left(\frac{1\text{ mol }Cl_2}{2\text{ mol }e^-}\right)\left(\frac{70.90\text{ g }Cl_2}{1\text{ mol }Cl_2}\right) = 23.2\text{ g }Cl_2$$

$$63\,000\,C \left(\frac{1\text{ mol }e^-}{96485\text{ C}}\right)\left(\frac{1\text{ mol }Mg}{2\text{ mol }e^-}\right)\left(\frac{24.31\text{ g }Mg}{1\text{ mol }Mg}\right) = 7.94\text{ g }Mg$$

Las cuales son las cantidades de sustancia que obtendremos en el ánodo y en el cátodo respectivamente, siempre y cuando obtengamos el 100% de eficiencia durante la electrólisis. Así se procede con cualquier tipo de sal fundida, lo único que cambiará será la intensidad de corriente y los moles de electrones necesarios para reducir u oxidar una especie según su semirreacción correspondiente.

Suponiendo que, por el contrario, queremos conocer ya sea la cantidad de carga o el tiempo necesario para obtener cierta cantidad de producto, aplicaríamos los mismos razonamientos, pero en retrospectiva, como veremos en el siguiente ejemplo:

> Determinar el tiempo necesario para obtener 10.0 g de aluminio metálico a partir de una sal fundida de cloruro de aluminio si la intensidad de corriente del sistema es de 1.00 A y permanece constante durante todo el proceso.

A partir de la masa deseada, calculamos los coulombs necesarios de acuerdo a la constante de Faraday, en el entendido de que el aluminio se reduce de Al^{3+} a Al, dado que proviene del $AlCl_3$:

$$10\text{ g Al}\left(\frac{1\text{ mol Al}}{26.98\text{ g Al}}\right)\left(\frac{3\text{ mol }e^-}{1\text{ mol Al}}\right)\left(\frac{96485\text{ C}}{1\text{ mol }e^-}\right) = 107\,285\text{ C}$$

$$\text{Dado que } A = \frac{C}{s} \therefore s = \frac{C}{A} \therefore s = \frac{107\,285\text{ C}}{1\text{ A}} = 107\,285\text{ s} = 29.8\text{ h}$$

El cuál es el tiempo en horas que debe de trabajar dicho sistema para que podamos obtener la cantidad de sustancia deseada bajo esas condiciones, de nueva cuenta, siempre que hablemos de un 100% de rendimiento.

8. Electroquímica

Problemas resueltos:

1. Escriba la ecuación balanceada y calcule la fem estándar de la siguiente celda: $Al_{(s)} | Al^{3+}_{(ac)} || I_{2(s)} | I^{-}_{(ac)}$

   Planteamiento y respuesta: Cambiamos el formato de expresión a semirreacciones:

   $$\text{Reducción (cátodo): } I_{2(s)} + 2e^- \rightarrow I^-_{(ac)}$$

   $$\text{Oxidación (ánodo): } Al_{(s)} \rightarrow Al^{3+}_{(ac)} + 3e^-$$

   Balanceando electrones en ambas semirreacciones, es decir, multiplicando la reducción por tres y la oxidación por dos:

   $$2Al_{(s)} + 3I_{2(s)} \rightarrow 2Al^{3+}_{(ac)} + 6I^-_{(ac)}$$

   Ahora que sabemos qué reacción ocurre en el cátodo y cuál en el ánodo y utilizando los valores de la tabla 8.1, la fem estándar está dada por:

   $$E^o_{celda} = E^o_{cátodo} - E^o_{ánodo} = 0.536 \text{ V} - (-1.660 \text{ V}) = 2.196 \text{ V}$$

   Lo cual nos indica que es una reacción espontánea y cuantitativa bajo condiciones estándar.

2. Calcular el potencial a 25°C de la siguiente celda:

   $Ag_{(s)} | Ag^+_{(ac)}(0.5 \text{ M}) || Zn^{2+}_{(ac)}(1.0 \times 10^{-6} \text{ M}) | Zn_{(s)}$

   Planteamiento y respuesta: Al darnos el problema concentraciones diferentes a 1 M, debemos pensar en utilizar la ecuación de Nernst. Basándonos en la ecuación balanceada:

   $$2Ag_{(s)} + Zn^{2+}_{(ac)} \rightarrow 2Ag^+_{(ac)} + Zn_{(s)}$$

   La fem en condiciones estándar para esta reacción está dada por:

   $$E^o_{celda} = E^o_{cátodo} - E^o_{ánodo} = -0.763 \text{ V} - 0.799 \text{ V} = -1.562 \text{ V}$$

   Sustituyendo en la ecuación de Nernst:

$$E = -1.562 - \frac{0.0592}{2} \log \frac{[0.5]^2}{[1 \times 10^{-6}]}$$

$$E = -1.562 - 0.0296 \log 250\,000$$

$$E = -1.5262 - 0.0296\,(5.3979) = -1.686\,\text{V}$$

A estas concentraciones, la reacción obtiene un valor más negativo que en el estándar y, por consiguiente, se dirige en sentido contrario para alcanzar la espontaneidad.

3. Calcule $\Delta G°$ y la constante de equilibrio para la siguiente reacción bajo condiciones estándar:

$$Br^-_{(ac)} + F_{2(g)} \rightarrow Br_{2(l)} + F^-_{(ac)}$$

Planteamiento y respuesta: Independientemente del parámetro que deseemos obtener primero, habrá que calcular la fem estándar de la reacción:

$$E°_{celda} = E°_{cátodo} - E°_{ánodo} = 2.870 - 1.065 = 1.805\,\text{V}$$

Procedemos primero con $\Delta G°$:

$$\Delta G° = -(2e^-)\left(96\,485\,\frac{C}{mol\,e^-}\right)\left(1.805\,\frac{J}{C}\right) =$$

$$-3.4831 \times 10^5\,\frac{J}{mol} = -348.31\,\frac{KJ}{mol}$$

Podemos calcular K a partir de $\Delta G°$ o respecto a la fem estándar y obtendremos resultados similares:

A partir de $\Delta G°$:

$$\Delta G° = -RT\ln K \therefore K = e^{-\frac{\Delta G°}{RT}} = e^{-\frac{-3.4831 \times 10^5}{8.314 \times 298.15}} = 1.06 \times 10^{61}$$

Notas:

* $\Delta G°$ se expresa en J/mol

* La constante R debe de estar en J/mol·K, por lo que vale 8.314 en vez del valor clásico de 0.082057 L·atm/mol·K

A partir de la fem estándar:

$$K = 10^{\frac{n(E^{\circ})}{0.0592}} = 10^{\frac{2(1.805)}{0.0592}} = 10^{60.9797} = 9.54 \times 10^{60}$$

* Ambos valores para fines prácticos podrían considerarse iguales, ya que expresados con 1 cifra significativa y en potencia de 61, ambos quedan como 1×10^{61}.

4. Si se electroliza una solución de sulfato cúprico durante 5.0 min con una corriente de 0.60 A

   a. ¿Cuántos Coulombs se producen?

   b. ¿Cuántos moles de cobre se depositan?

Planteamiento y respuesta:

a. Dado que $A = \dfrac{C}{S} \therefore C = A \times s \therefore C = 0.60\ A \times 300\ s = 180\ C$

b. Dado que el cobre se reduce de Cu^{2+} a $Cu_{(s)}$ son necesarios 2 mol de e^- por cada mol de Cu^{2+} reducido:

$$180\ \cancel{C}\left(\frac{1\ \cancel{mol\ e^-}}{96485\ \cancel{C}}\right)\left(\frac{1\ mol\ Cu}{2\ \cancel{mol\ e^-}}\right) = 9.3 \times 10^{-4} mol\ Cu$$

5. ¿Cuántas horas se necesitan para producir 22.65 kg de cloro por electrólisis de cloruro de sodio fundido con una intensidad de 1000 A y una eficiencia del 90 %?

Planteamiento y respuesta: Procedemos a calcular los coulombs necesarios para obtener dicha cantidad de producto:

$$22.65\ \cancel{kg\ Cl_2}\left(\frac{1000\ \cancel{g\ Cl_2}}{1\ \cancel{kg\ Cl_2}}\right)\left(\frac{1\ \cancel{mol\ Cl_2}}{70.90\ \cancel{g\ Cl_2}}\right)\left(\frac{2\ \cancel{mol\ e^-}}{1\ \cancel{mol\ Cl_2}}\right)\left(\frac{96485\ C}{1\ \cancel{mol\ e^-}}\right) = 6.1647 \times 10^7\ C$$

Éste es el número de coulombs que necesitaríamos en caso de que el proceso tuviera una eficiencia del 100%, sin embargo, el problema nos indica que éste es del 90%. Por regla de tres simple:

$$6.1647 \times 10^7 \text{ C} --- 90\%$$

$$x\text{C} --- 100\%$$

$$x\text{C} = 6.8497 \times 10^7 \text{ C}$$

Ahora, considerando la intensidad de 1 000 A la cantidad de tiempo requerida estará dada por:

$$s = \frac{C}{A} = \frac{6.8497 \times 10^7 \text{ C}}{1\,000 \text{ A}} = 6.8497 \times 10^4 \text{ s} = 19.03 \text{ h}$$

Problemas complementarios

1. ¿Cuánto cobre metálico se deposita en un electrodo de una solución de cloruro cúprico cuando se pasa una corriente de 0.8 A durante 2 min?

2. A partir de una solución de yoduro de potasio se desea recuperar yodo molecular por electrólisis. ¿Cuántos g de yodo se pueden recuperar al pasar durante 1.00 h una corriente de 0.650 A?

3. En la electrólisis del cloruro de zinc fundido ¿Cuántos gramos de zinc metálico por hora se pueden depositar en el cátodo por la acción de una corriente de 1.0 A?

4. En la electrólisis del bromuro cúprico se depositan 0.80 g de cobre en uno de los electrodos, ¿cuántos g de bromo se forman en el otro electrodo?

5. Calcule los moles de H_2 y O_2 que se producirán durante la electrólisis del agua en solución ácida al pasar 1.93×10^6 C.

6. Se pasan 2000 C a través de las siguientes sales fundidas, calcule cuántos gramos del elemento metálico se obtienen:

    a. KCl   b. $MgCl_2$ c. $AuCl_3$

7. Se tiene una solución de dicromato de potasio y se desean recuperar 1.00 g de cromo a partir de ésta. Calcule los minutos necesarios que se deberá de mantener una corriente de 0.900 A.

8. ¿Cuántas horas se requieren para recuperar la cantidad necesaria de zinc para reaccionar con 5.00 L de una solución 1.00 M de ácido molíbdico a partir de cloruro de zinc, a una intensidad de 2.00 A?

9. ¿Cuántos amperes×hora se necesitan para depositar en el cátodo 5.00 g de oro partiendo de una solución de una sal de oro trivalente?

10. ¿Qué tiempo se necesitará para que con una corriente de 4.0 A se depositen 24 g de níquel a partir de una solución de $NiSO_4$?

11. Una corriente de 5.0 A durante 2 h deposita 18.1986 g de Pt en el cátodo. ¿Qué valencia tenía el Pt en la sal electrolizada?

12. Se deja pasar una corriente por un circuito durante 15.00 min y se depositan 3.200 g de Ag. Calcule la cantidad de electricidad en Coulombs y la intensidad de la corriente en Amperes.

13. Calcule la corriente en amperes que se requiere para recuperar 10.0 milimoles de manganeso metálico durante 30.0 min a partir de permanganato de potasio.

14. Se construyó una celda galvánica con una barra de zinc de 85.0 g y 5.00 L de solución 0.500 M de sulfato cúprico. Si se pasa una corriente continua de 2.00 A, ¿durante cuánto tiempo funcionará la celda?

15. Para la producción industrial de clorato de potasio, en primera instancia se somete cloruro de potasio a electrólisis, formándose cloro gaseoso en el ánodo e hidroxilos en el cátodo. El cloro formado reacciona con los hidroxilos para formar iones clorato. Calcule la masa de cloruro de potasio y la carga eléctrica necesaria para producir 50.00 g de clorato de potasio.

16. Se tiene una solución con iones Sn^{2+} y Sn^{4+}. En primera instancia, 30.0 mL de dicha solución problema se tratan con permanganato de potasio 0.0780 M en medio ácido para oxidar todos los iones Sn^{2+} a Sn^{4+}, gastándose 10.0 mL en la titulación. Posteriormente, con aluminio metálico se reducen todos los iones Sn^{4+} a Sn^{2+}. Una vez completado este proceso, se titula nuevamente y ahora se gastan 14.5 mL de la misma solución valorante de permanganato. Establezca la composición de la solución original respecto a Sn^{2+} y Sn^{4+} en términos de molaridad.

17. Escriba las ecuaciones balanceadas y calcule la fem estándar de las siguientes celdas:

    a. $I^-_{(ac)} \mid I_{2(s)} \mid\mid Cl_{2(g)} \mid Cl^-_{(ac)}$

    b. $Cu_{(s)} \mid Cu^{2+}_{(ac)} \mid\mid Ba^{2+}_{(ac)} \mid Ba_{(s)}$

    c. $Fe_{(s)} \mid Fe^{2+}_{(ac)} \mid\mid Fe^{3+}_{(ac)} \mid Fe^{2+}$

    d. $Cr^{3+}_{(ac)} \mid Cr_2O_7^{2-}{}_{(ac)} \mid\mid VO_2^+{}_{(ac)} \mid VO^{2+}_{(ac)}$ (Medio ácido)

    e. $Pb_{(s)} \mid PbSO_{4(s)} \mid\mid PbO_{2(s)} \mid PbSO_{4(s)}$ (Con ácido sulfúrico como electrolito)

18. Calcular el potencial a 25°C de las siguientes celdas:

    a. $Sn_{(s)} \mid Sn^{2+}_{(ac)}$ (0.1 M) $\mid\mid Fe^{3+}_{(ac)}$ (0.3 M) $\mid Fe_{(s)}$

    b. $Zn_{(s)} \mid Zn^{2+}_{(ac)}$ (0.40 M) $\mid\mid Cu^{2+}_{(ac)}$ (0.020 M) $\mid Cu_{(s)}$

    c. $Zn_{(s)} \mid Zn^{2+}_{(ac)}$ (0.0955 M) $\mid\mid Co^{2+}_{(ac)}$ (6.78×10^{-3} M) $\mid Co_{(s)}$

d. $Fe^{2+}_{(ac)}$ (0.0681 M) | $Fe^{3+}_{(ac)}$ (0.1310 M) || $Hg^{2+}_{2(ac)}$ (0.0671 M) | $Hg_{(l)}$

e. $Fe^{2+}_{(ac)}$ (0.81 M) | $Fe^{3+}_{(ac)}$ (0.15 M) || $MnO^{-}_{4(ac)}$ (0.01 M) | $Mn^{2+}_{(ac)}$ (0.05 M)

(Considere un pH de 1.5)

19. Se mezclan 10 mL de NaBr 0.05 M con 30 mL de una disolución 0.03 M de K_2MnO_4

    a. Calcular potencial de celda antes de la reacción

    b. Calcular el potencial a pH 0 y pH 2 después de la reacción.

20. Se hacen reaccionar 60 mL de una solución 0.13 M de una solución con iones Pu (IV) con 40 mL de una solución de iones permanganato 0.14 M. Durante la reacción, el permanganato se reduce a manganeso (II) y el plutonio se oxida a PuO_2^{2+}, en medio ácido.

    a. Escriba la reacción balanceada de este proceso.

    b. El valor del potencial de reducción estándar del par de PuO_2^{2+}/Pu^{4+} es de 1.067 V, calcule el potencial de celda.

    c. Calcule la concentración de todas las especies al terminar la reacción.

    d. Calcule el potencial de celda al término de la reacción.

21. Calcule el cambio de energía libre, bajo condiciones estándar, para las siguientes reacciones:

    a. $Mg_{(s)} + Sn^{2+}_{(ac)} \rightarrow Mg^{2+}_{(ac)} + Sn_{(s)}$

    b. $Zn_{(s)} + Cr^{3+}_{(ac)} \rightarrow Zn^{2+}_{(ac)} + Cr_{(s)}$

    c. $Ce^{4+}_{(ac)} + Cl^{-}_{(ac)} \rightarrow Cl_{2(g)} + Ce^{3+}_{(ac)}$

    d. $Sn_{(s)} + Cu^{2+}_{(ac)} \rightarrow Sn^{2+}_{(ac)} + Cu^{+}_{(ac)}$

    e. $Fe^{2+}_{(ac)} + Ag_{(s)} \rightarrow Fe_{(s)} + 2Ag^{+}_{(ac)}$

22. Calcule la constante de equilibrio para las siguientes reacciones bajo condiciones estándar:

    a. $Fe^{2+}_{(ac)} + O_{2(g)} + H^{+}_{(ac)} \rightarrow Fe^{3+}_{(ac)} + H_2O_{(l)}$

    b. $Cu_{(s)} + IO^{-}_{3(ac)} \rightarrow I_{2(s)} + Cu^{2+}_{(ac)}$

    c. $Co_{(s)} + H^{+}_{(ac)} \rightarrow Co^{2+}_{(ac)} + H_{2(g)}$

    d. $Au_{(s)} + Ca^{2+}_{(ac)} \rightarrow Au^{3+} + Ca_{(s)}$

    e. $Br^{-}_{(ac)} + MnO^{-}_{4(ac)} \rightarrow Mn^{2+}_{(ac)} + Br_{2(l)}$

Anexo 1. Cationes y aniones más comunes

Cationes (+)		Aniones (−)	
Monovalentes			
H^+	Hidrógeno (ácido__)	OH^-	Hidróxido
Li^+	Litio	CN^-	Cianuro
Na^+	Sodio	NO_2^-	Nitrito
K^+	Potasio	NO_3^-	Nitrato
Cu^+	Cobre (I) o cuproso	HS^-	Sulfuro ácido
Ag^+	Plata	ClO^-	Hipoclorito
Au^+	Oro	ClO_2^-	Clorito
NH_4^+	Amonio	ClO_3^-	Clorato
		ClO_4^-	Perclorato
		BrO_3^-	Bromato
		$H_2PO_4^-$	Fosfato diácido
		IO_3^-	Yodato
		MnO_4^-	Permanganato
		CNO^-	Cianato
		SCN^-	Tiocianato
		HCO_3^-	Carbonato ácido o bicarbonato
		CH_3COO^-	Acetato
		N_3^-	Azida
		H^-	Hidruro
Divalentes			
Mg^{2+}	Magnesio	S^{2-}	Sulfuro
Ca^{2+}	Calcio	O^{2-}	Óxido
Sr^{2+}	Estroncio	CO_3^{2-}	Carbonato
Ba^{2+}	Bario	SO_3^{2-}	Sufito
Zn^{2+}	Zinc	SO_4^{2-}	Sulfato
Hg_2^{2+}	Mercurio (I) o mercuroso*	$S_2O_8^{2-}$	Persulfato
Hg^{2+}	Mercurio (II) o mercúrico	$S_2O_3^{2-}$	Tiosulfato
Cu^{2+}	Cobre (II) o cuproso	HPO_4^{2-}	Fosfato ácido
Fe^{2+}	Hierro (II) o ferroso	CrO_4^{2-}	Cromato
Sn^{2+}	Estaño (II) o estannoso	$Cr_2O_7^{2-}$	Dicromato
Pb^{2+}	Plomo (II) o plumboso	MnO_4^{2-}	Manganato
Cr^{2+}	Cromo (II)	MnO_3^{2-}	Manganito
Mn^{2+}	Manganeso (II) o manganoso	$C_2O_4^{2-}$	Oxalato
		MoO_4^{2-}	Molibdato
		$PtCl_6^{2-}$	Cloroplatinato
Trivalentes			
Al^{3+}	Aluminio	N^{3-}	Nitruro
As^{3+}	Arsénico (III) o arsenoso	P^{3-}	Fosfuro
Sb^{3+}	Antimonio	PO_4^{3-}	Fosfato
Fe^{3+}	Hierro (III) o férrico	BO_3^{3-}	Borato
Cr^{3+}	Cromo (III)	AsO_3^{3-}	Arsenito
Au^{3+}	Oro (III)	AsO_4^{3-}	Arseniato
		$[Fe(CN)_6]^{3-}$	Ferricianuro
Tetravalentes			
C^{4+}	Carbono	C^{4-}	Carburo
Si^{4+}	Silicio	$P_2O_7^{4-}$	Pirofosfato
Pb^{4+}	Plomo (IV)	$[Fe(CN)_6]^{4-}$	Ferrocianuro

* El mercurio monovalente no existe individualmente, sino como par.

Anexo 2. Masas molares de elementos y compuestos seleccionados

Elemento o compuesto	Fórmula	Masa molar (g/mol)
Ácido		
Acético	CH_3COOH	60.05
Benzóico	$HC_7H_5O_2$	122.1
Carbónico	H_2CO_3	62.03
Clorhídrico	HCl	36.46
Fluorhídrico	HF	20.01
Fórmico	$HCOOH$	46.03
Fosfórico	H_3PO_4	97.99
Nítrico	HNO_3	63.02
Nitroso	HNO_2	47.02
Oxálico	$H_2C_2O_4$	90.04
Perclórico	$HClO_4$	100.5
Sulfhídrico	H_2S	34.09
Sulfúrico	H_2SO_4	98.09
Yodhídrico	HI	127.9
Aluminio	Al	26.98
Cloruro	$AlCl_3$	133.3
Hidróxido	$Al(OH)_3$	78.00
Óxido	Al_2O_3	102.0
Amoniaco	NH_3	17.03
Amonio	NH_4^+	18.04
Cloruro	NH_4Cl	53.49
Fosfato	$(NH_4)_3PO_4$	149.1
Hidróxido	NH_4OH	35.05
Oxalato	$(NH_4)_2C_2O_4$	124.1
Sulfato	$(NH_4)_2SO_4$	132.1
Arsénico	As	
Óxido arsenioso	As_2O_3	197.8
Óxido arsénico	As_2O_5	229.8
Azufre	S	32.07
Dióxido	SO_2	64.07
Bario	Ba	137.3
Carbonato	$BaCO_3$	197.3
Cloruro	$BaCl_2$	208.2
Fluoruro	BaF_2	175.3
Hidróxido	$Ba(OH)_2$	171.3
Sulfato	$BaSO_4$	233.4
Yodato	$Ba(IO_3)_2$	487.1
Bromo	Br	79.90
Bromo molecular	Br_2	159.8
Calcio	Ca	40.08
Bicarbonato	$Ca(HCO_3)_2$	162.1
Carbonato	$CaCO_3$	100.1
Cloruro	$CaCl_2$	111.0
Fluoruro	CaF_2	78.08
Fosfato	$Ca_3(PO_4)_2$	310.2
Hidróxido	$Ca(OH)_2$	74.10

Elemento o compuesto	Fórmula	Masa molar (g/mol)
Nitrato	$Ca(NO_3)_2$	164.1
Oxalato	CaC_2O_4	128.1
Óxido	CaO	56.08
Sulfato	$CaSO_4$	136.2
Carbono	C	12.01
Dióxido	CO_2	44.01
Cloro	Cl	35.45
Cloro molecular	Cl_2	70.90
Cobre	Cu	63.55
Óxido cúprico	CuO	79.55
Sulfato cúprico	$CuSO_4$	159.6
Sulfuro cuproso	Cu_2S	159.2
Cromo	Cr	52.00
Cloruro cromoso	$CrCl_3$	158.4
Trióxido	Cr_2O_3	152.0
Sulfato	$Cr_2(SO_4)_3$	392.2
Estaño	Sn	118.7
Cloruro estánnico	$SnCl_4$	260.5
Cloruro estannoso	$SnCl_2$	189.6
Hierro	Fe	55.85
Óxido férrico	Fe_2O_3	159.7
Óxido ferroso	FeO	71.85
Óxido ferroso – férrico	Fe_3O_4	231.5
Sulfato férrico	$Fe_2(SO_4)_3$	399.9
Sulfato ferroso	$FeSO_4$	151.9
Sulfato amónico (sal de Mohr)	$FeSO_4(NH_4)_2SO_4 \cdot 6H_2O$	392.1
Fósforo	P	30.97
Fósforo blanco	P_4	123.9
Pentóxido	P_2O_5	141.9
Hidrógeno	H	1.008
Agua	H_2O	18.01
Hidrógeno molecular	H_2	2.016
Peróxido	H_2O_2	34.02
Magnesio	Mg	24.31
Carbonato	$MgCO_3$	84.32
Cloruro	$MgCl_2$	95.21
Fosfato amónico magnésico	$MgNH_4PO_4$	137.3
Óxido	MgO	40.31
Pirofosfato	$Mg_2P_2O_7$	222.6
Manganeso	Mn	54.94
Dióxido	MnO_2	86.94
Nitrógeno	N	14.01
Nitrógeno molecular	N_2	28.02
Óxido nitroso	NO	30.01
Óxido nítrico	NO_2	46.01
Oxígeno	O	16.00
Oxígeno molecular	O_2	32.00
Plata	Ag	107.9
Bromuro	$AgBr$	187.8

Elemento o compuesto	Fórmula	Masa molar (g/mol)
Carbonato	Ag_2CO_3	275.8
Cloruro	$AgCl$	143.4
Cromato	Ag_2CrO_4	331.7
Nitrato	$AgNO_3$	169.9
Oxalato	$Ag_2C_2O_4$	303.8
Tiocianato	$AgSCN$	165.9
Yodato	$AgIO_3$	282.8
Yoduro	AgI	234.8
Plomo	Pb	207.2
Óxido plúmbico	PbO_2	239.2
Óxido plumboso	PbO	223.2
Óxido plumboso – plúmbico	Pb_3O_4	685.9
Bromuro	$PbBr_2$	367.0
Cloruro	$PbCl_2$	278.1
Nitrato	$Pb(NO_3)_2$	331.2
Sulfato	$PbSO_4$	303.3
Yoduro	PbI_2	461.0
Potasio	K	39.10
Acetato	CH_3COOK	98.14
Bicarbonato	$KHCO_3$	100.1
Bromuro	KBr	119.0
Carbonato	K_2CO_3	138.2
Cianuro	KCN	65.11
Clorato	$KClO_3$	122.6
Cloroplatinato	K_2PtCl_6	486.0
Cloruro	KCl	74.55
Dicromato	$K_2Cr_2O_7$	294.2
Ferricianuro	$K_3Fe(CN)_6$	329.3
Fosfato diácido	KH_2PO_4	136.1
Fosfato ácido	K_2HPO_4	174.2
Fosfato	K_3PO_4	212.3
Hidróxido	KOH	56.11
Nitrato	KNO_3	101.1
Oxalato	$K_2C_2O_4$	166.2
Permanganato	$KMnO_4$	158.0
Sulfato	K_2SO_4	174.3
Yodato	KIO_3	214.0
Yoduro	KI	166.0
Silicio	Si	28.09
Óxido	SiO_2	60.09
Sodio	Na	22.99
Acetato	CH_3COONa	82.03
Bicarbonato	$NaHCO_3$	84.01
Bromuro	$NaBr$	102.9
Carbonato	Na_2CO_3	106.0
Cianuro	$NaCN$	49.00
Cloruro	$NaCl$	58.44
EDTA (Sal disódica)	$Na_2H_2EDTA \cdot 2H_2O$	372.2
Fosfato diácido	NaH_2PO_4	120.0

Elemento o compuesto	Fórmula	Masa molar (g/mol)
Fosfato ácido	Na_2HPO_4	142.0
Fosfato	Na_3PO_4	163.9
Hidróxido	NaOH	40.00
Hipoclorito	NaClO	74.44
Nitrato	$NaNO_3$	85.00
Nitrito	$NaNO_2$	69.00
Oxalato	$Na_2C_2O_4$	134.0
Sulfato	Na_2SO_4	142.1
Tiosulfato	$Na_2S_2O_3$	158.1
Tiosulfato (pentahidratado)	$Na_2S_2O_3 \cdot 5H_2O$	248.2
Yoduro	NaI	149.9
Zinc	Zn	65.39
Cloruro	$ZnCl_2$	136.3
Hidróxido	$Zn(OH)_2$	99.41
Óxido	ZnO	81.39
Pirofosfato	$Zn_2P_2O_7$	304.7
Yodo	I	126.9
Yodo molecular	I_2	253.8

Anexo 3. Formulario general

I. Estequiometría y unidades de concentración

- Número de moles de un compuesto o elemento (n)

$$n = \frac{Masa}{Masa\ molar}$$

- Molaridad (M)

$$M = \frac{Moles\ de\ soluto}{Volumen\ de\ solución\ (L)} = \frac{Milimoles\ de\ soluto}{Volumen\ de\ solución\ (mL)}$$

$$Molaridad\ (M) = \frac{(\%)(\delta)(10)}{PM}$$

Donde

δ: densidad de la solución en g/mL

%: Porcentaje peso/volumen o pureza del reactivo

PM: Masa molar del compuesto

- Normalidad (N)

$$N = \frac{Eq \cdot g\ soluto}{Volumen\ de\ solución\ (L)} = \frac{mEq \cdot g\ soluto}{Volumen\ de\ solución\ (mL)}$$

$$Normalidad = Eq \cdot fórmula \times M$$

Donde

Eq·g (Equivalente - gramo): Dependiendo del tipo de especie química que estemos hablando, el número de moles tendrá que ser multiplicado por el número de Eq·fórmula correspondientes al compuesto en cuestión.

Eq·fórmula (Equivalente – fórmula): Número de equivalentes presentes en una unidad (fórmula o molécula) de un compuesto en particular, dependiendo si es ácido, base, sal, oxidante o reductor (véase capítulo 4).

- Partes por millón (ppm)

$$ppm = \frac{mg\ soluto}{Kg\ solución} = \frac{mg\ soluto}{L\ solución} = \frac{\mu g\ soluto}{mL\ solución}$$

- Molalidad (m)

$$m = \frac{Moles\ de\ soluto}{Kg\ disolvente}$$

- Composición porcentual:

$$\%\ (p/p) = \frac{Masa\ del\ soluto}{Masa\ de\ la\ solución} \times 100\%$$

$$\%\ (p/v) = \frac{Masa\ del\ soluto}{Volumen\ de\ solución} \times 100\%$$

$$\% \,(v/v) = \frac{\text{Volumen de soluto}}{\text{Volumen de solución}} \times 100\%$$

Donde

% (p/p): Porcentaje peso – peso

% (p/v): Porcentaje peso – volumen

% (v/v): Porcentaje volumen – volumen

- Fracción molar

$$X_i = \frac{\text{Moles del componente de interés}}{\text{Moles totales de todos los componentes}}$$

- Diluciones (aplicable a cualquier unidad de concentración):

$$C_1 \times V_1 = C_2 \times V_2$$

II. Gases

Ecuación general del gas ideal: $PV = nRT$

Donde

P: Presión (atm)   V: Volumen (L)   n: número de moles

R: Constante de los gases= 0.08206 L · atm/mol · K   T: Temperatura (K)

Densidad de un gas ideal:

$$\delta = \frac{P \times PM}{R \times T}$$

III. Equilibrio ácido – base

- pH $\qquad\qquad\qquad\qquad\qquad$ $pH = -\log[H^+]$
- $[H^+]$ a partir del pH: $\qquad\qquad$ $[H^+] = 10^{-pH}$
- pOH $\qquad\qquad\qquad\qquad\qquad$ $pOH = -\log[OH^-]$
- Relación entre pH y pOH: $\qquad$ $pH + pOH = 14$
- Relación entre K_a y K_b: $\qquad\quad$ $K_a \times K_b = 1 \times 10^{-14}$
- Relación entre K_a y pK_a: $\qquad$ $pK_a = -\log K_a$
- pH de un ácido fuerte $\qquad\qquad$ $pH = -\log[M]$
- pH de una base fuerte $\qquad\qquad$ $pH = 14 + \log[M]$
- pH de un ácido débil monoprótico $\quad$ $pH = \frac{1}{2}pK_a - \frac{1}{2}\log M$
- pH de una base débil $\qquad\qquad$ $pH = 7 + \frac{1}{2}pK_a + \frac{1}{2}\log M$

*El valor de pK_a utilizado será el correspondiente al ácido conjugado de dicha base

- Porcentaje de ionización: $\%_{ionización} = \dfrac{[x]}{M_{inicial}} \times 100\%$

Donde

[x]: Concentración de iones hidronio o hidroxilo

- pH de un anfótero o una mezcla de diferente par: $pH = \dfrac{1}{2}pK_{a1} + \dfrac{1}{2}pK_{a2}$

- pH de un sistema amortiguador (mismo par): $pH = pK_a + \log\dfrac{M_{base}}{M_{ácido}}$

- Amortiguador según número de moles: $pH = pK_a + \log\dfrac{n_{base}}{n_{ácido}}$

IV. Solubilidad

- Relaciones entre solubilidad molar y K_{ps} según fórmula mínima del compuesto

Fórmula mínima	Relación entre K_{ps} y concentración	Relación entre s y K_{ps}
XY	$K_{ps} = [X][Y]$	$K_{ps} = s^2$
XY_2/X_2Y	$K_{ps} = [X]^2[Y]$	$K_{ps} = 4s^3$
XY_3/X_3Y	$K_{ps} = [X][Y]^3$	$K_{ps} = 27s^4$
X_3Y_2/X_2Y_3	$K_{ps} = [X]^3[Y]^2$	$K_{ps} = 108s^5$

Donde

K_{ps}: Constante del producto de solubilidad

s: Solubilidad molar

V. Electroquímica

- Relación entre carga y corriente eléctrica

$$C = A \times s$$

Donde:

C: Carga eléctrica en coulombs   A: Corriente eléctrica en amperes

s: Tiempo en segundos

- Relación entre energía y electricidad:

$$J = C \times V$$

Donde

J: Energía en joules   V: Diferencia de potencial, en volts

- Fem estándar de celda:

$$E^o_{celda} = E^o_{cátodo} - E^o_{ánodo}$$

Donde

E^o_{celda}: Fuerza electromotriz de celda (potencial de celda) en condiciones estándar

$E^o_{cátodo}$: Potencial estándar de reducción de la reacción de reducción

$E^o_{ánodo}$: Potencial estándar de reducción de la reacción de oxidación

- Cambio de energía libre estándar en una reacción redox:

$$\Delta G^o = -nFE^o_{celda}$$

Donde

ΔG^o: Cambio de energía libre de Gibbs estándar

n: Moles de electrones que pasan a través del circuito

F: Constante de Faraday= 96485 C/mol e⁻

Relación entre potencial de celda estándar y la constante de equilibrio (K) de una reacción redox a 25°C:

$$E^o_{celda} = \frac{0.0592}{n} \log K$$

Despejando K:

$$K = 10^{\frac{n(E^o_{celda})}{0.0592}}$$

- Efecto de la concentración sobre la fem de celda (ecuación de Nernst):

$$E = E^o - \frac{0.0592}{n} \log Q$$

- Q: Cociente de reacción (misma forma que la constante de equilibrio, pero con las concentraciones iniciales):

$$Q = \frac{[C]_0^c [D]_0^d}{[A]_0^a [B]_0^b}$$

Donde

$[A]_0$ y $[B]_0$: Concentraciones iniciales de los reactivos A y B, elevados a su coeficiente estequiométrico

$[C]_0$ y $[D]_0$: Concentraciones iniciales de los productos C y D, elevados a su coeficiente estequiométrico

Nota: De igual manera que para la constante de equilibrio, para el cálculo del cociente de reacción no se toman en cuenta especies en estado sólido ni líquido, solamente en gaseoso o acuoso.

Anexo 4. Respuestas a los problemas complementarios

Capítulo 3. Balanceo:

Tanteo

1. $2NaOH + H_2SO_4 \rightarrow Na_2SO_4 + 2H_2O$
2. $2Al(OH)_3 + 3H_2CO_3 \rightarrow Al_2(CO_3)_3 + 6H_2O$
3. $2Na_3PO_4 + 3Ba(NO_3)_2 \rightarrow Ba_3(PO_4)_2 + 6NaNO_3$
4. $SrBr_2 + 2NaNO_3 \rightarrow Sr(NO_3)_2 + 2NaBr$
5. $2C_{30}H_{62} + 91O_2 \rightarrow 60CO_2 + 62H_2O$
6. $3BaCl_2 + Fe_2(SO_4)_3 \rightarrow 2FeCl_3 + 3BaSO_4$
7. $K_2SO_4 + 2HI \rightarrow 2KI + H_2SO_4$
8. $K_3PO_4 + 3HCl \rightarrow 3KCl + H_3PO_4$
9. $MgCO_3 + 2HI \rightarrow MgI_2 + H_2CO_3$
10. $2NH_3 + 3BaO \rightarrow 3Ba + N_2 + 3H_2O$
11. $PCl_5 + 4H_2O \rightarrow 5HCl + H_3PO_4$
12. $4NH_3 + 5O_2 \rightarrow 4NO + 6H_2O$
13. $2H_2O_2 \rightarrow 2H_2O + O_2$
14. $N_2O_5 + H_2O \rightarrow 2HNO_3$
15. $C_2H_5OH + 3O_2 \rightarrow 2CO_2 + 3H_2O$
16. $2H_3PO_4 + 3Li_2O \rightarrow 2Li_3PO_4 + 3H_2O$

Redox

1. $K_2Cr_2O_7 + 14HCl \rightarrow 2KCl + 2CrCl_3 + 3Cl_2 + 7H_2O$
2. $I_2O_5 + 5CO \rightarrow I_2 + 5CO_2$
3. $2Al + 3CuSO_4 \rightarrow 3Cu + Al_2(SO_4)_3$
4. $I_2 + 10HNO_3 \rightarrow 2HIO_3 + 10NO_2 + 4H_2O$
5. $2Al + 10H^+ \rightarrow 2Al^{5+} + 5H_2$
6. $12Ag_2SO_4 + 4AsH_3 + 6H_2O \rightarrow 24Ag + As_4O_6 + 12H_2SO_4$
7. $SnCl_2 + 2HgCl_2 \rightarrow SnCl_4 + Hg_2Cl_2$
8. $4CuS + 5O_2 \rightarrow 2Cu_2O + 4SO_2$
9. $Na_2Cr_2O_7 + 6FeCl_2 + 14HCl \rightarrow 2CrCl_3 + 6FeCl_3 + 2NaCl + 7H_2O$
10. $3CuO + 2NH_3 \rightarrow N_2 + 3Cu + 3H_2O$

11. $2Al + 6NaOH \rightarrow 2Na_3AlO_3 + 3H_2$

12. $5U(SO_4)_2 + 2KMnO_4 + 2H_2O \rightarrow 2H_2SO_4 + K_2SO_4 + 2MnSO_4 + 5UO_2SO_4$

13. $4Zn + 10HNO_3 \rightarrow 4Zn(NO_3)_2 + N_2O + 5H_2O$

14. $8NaI + 5H_2SO_4 \rightarrow H_2S + 4I_2 + 4Na_2SO_4 + 4H_2O$

15. $2As_2S_3 + 7HClO_4 + 12H_2O \rightarrow 4H_3AsO_4 + 7HCl + 6H_2SO_4$

16. $3WO_3 + SnCl_2 + 4HCl \rightarrow W_3O_8 + H_2SnCl_6 + H_2O$

Ión- electrón (medio ácido)

1. $8H^+ + 3Cu + 2NO_3^- \rightarrow 3Cu^{2+} + 2NO + 4H_2O$

2. $10H^+ + 4Zn + NO_3^- \rightarrow 4Zn^{2+} + NH_4^+ + 3H_2O$

3. $2H^+ + IO_4^- + C_2O_4^{-2} \rightarrow IO_3^- + 2CO_2 + H_2O$

4. $2HNO_3 + 3H_2S \rightarrow 2NO + 3S + 4H_2O$

5. $4H_2O + H_2S + 4Br_2 \rightarrow SO_4^{2-} + 8Br^- + 10H^+$

6. $6H^+ + 3Mn^{2+} + 5BrO_3 \rightarrow 3MnO_4^- + 5Br^{3+} + 3H_2O$

7. $4HNO_2 \rightarrow NO_3 + 3NO + 2H_2O$

8. $8H^+ + 3CuS + 8NO_3^- \rightarrow 3Cu^{2+} + 3SO_4^{2-} + 8NO + 4H_2O$

9. $12H^+ + 3Zn + 2H_2MoO_4 \rightarrow 3Zn^{2+} + 2Mo^{3+} + 8H_2O$

10. $4H^+ + Cu + SO_4^{2-} \rightarrow Cu^{2+} + SO_2 + 2H_2O$

11. $4H_2O + 2IO_3^- + 5SO_2 \rightarrow I_2 + 5SO_4^{2-} + 8H^+$

12. $14H^+ + Cr_2O_7^{2-} + 2Cl^- \rightarrow 2Cr^{3+} + Cl_2 + 7H_2O$

13. $4H_2O_2 + Cl_2O_7 \rightarrow 2ClO_2^- + 4O_2 + 2H^+ + 3H_2O$

14. $2H_2O + 2H^+ + As_2O_3 + 2NO_3^- \rightarrow 2H_3AsO_4 + N_2O_3$

15. $3H^+ + 6H_2O + 4As + 3ClO_3^- \rightarrow 4H_3AsO_3 + 3HClO$

16. $6H^+ + 5H_2C_2O_4 + 2MnO_4^- \rightarrow 2Mn^{2+} + 10CO_2 + 8H_2O$

17. $6H^+ + XeO_3 + 9I^- \rightarrow Xe + 3I_3^- + 3H_2O$

18. $3C_6H_8O_6 + IO_3^- \rightarrow 3C_6H_6O_6 + I^- + 3H_2O$

19. $2MnO_4^- + 10Cl^- + 16H^+ \rightarrow 2Mn^{2+} + 5Cl_2 + 8H_2O$

20. $ClO_2^- + 4I^- + 4H^+ \rightarrow Cl^- + 2I_2 + 2H_2O$

Ión- electrón (medio básico)

1. $OH^- + PbO_2 + Cl^- \rightarrow HPbO_2^- + ClO^-$

2. $Pb(OH)_4^{2-} + ClO^- \rightarrow PbO_2 + Cl^- + H_2O + 2OH^-$

3. $4OH^- + 3H_2O_2 + 2Cr(OH)_3 \rightarrow 2CrO_4^{2-} + 8H_2O$
4. $OH^- + 5H_2O + NO_2^- + 2Al \rightarrow NH_3 + 2Al(OH)_4^-$
5. $2OH^- + Cl_2 \rightarrow Cl^- + ClO^- + H_2O$
6. $2H_2O + 4Mn(OH)_2 + O_2 \rightarrow 4Mn(OH)_3$
7. $8OH^- + 7MnO_4^- + I \rightarrow 7MnO_4^{2-} + IO_4^- + 4H_2O$
8. $H_2O + 3CN^- + 2MnO_4^- \rightarrow 3CNO^- + 2MnO_2 + 2OH^-$
9. $6OH^- + 3Br_2 \rightarrow BrO_3^- + 5Br^- + 3H_2O$
10. $2Bi(OH)_3 + 3SnO_2^{2-} \rightarrow 3SnO_3^{2-} + 2Bi + 3H_2O$
11. $N_2H_4 + 2Cu(OH)_2 \rightarrow N_2 + 2Cu + 4H_2O$
12. $2OH^- + 2NO_2 \rightarrow NO_3^- + NO_2^- + H_2O$
13. $3OH^- + 3Sn(OH)_3^- + 2Bi(OH)_3 \rightarrow 3Sn(OH)_6^{2-} + 2Bi$
14. $4OH^- + 2Cr(OH)_3 + 3ClO^- \rightarrow 2CrO_4^{2-} + 3Cl^- + 5H_2O$
15. $2As + 6OH^- \rightarrow 2AsO_3^{3-} + 3H_2$
16. $2MnO_4^- + 3AsO_2^- + 4OH^- \rightarrow 2MnO_2 + 3AsO_4^{3-} + 2H_2O$
17. $SO_3^{2-} + Cl_2 + 2OH^- \rightarrow SO_4^{2-} + 2Cl^- + H_2O$
18. $6V + 3OH^- + 14H_2O \rightarrow HV_6O_{17}^{3-} + 15H_2$

Capítulo 4. Formas de expresar concentración:

1. 33.6 g
2. 7.8 mL
3. 2.5×10^2 mL
4. 59.6 g
5. 48.2 mL
6. 906 g
7. 0.378 M
8. a. 0.0700 N

   b. 2.59×10^3 ppm

   c. 0.259 %

   d. 0.350 mol
9. a. 8.69 M

   b. 26.1 N

   c. 15.3 m
10. a. 0.0629 M

    b. 0.0629 N

    c. 0.0500 %
11. 0.400 g
12.

Soluto	Masa de soluto (g)	Moles de soluto	Volumen de solución	M	N
KNO_3	50.0	0.495	412 mL	1.20	1.20
H_2S	20.5	0.600	12.0 L	0.050	0.100
$CuSO_4$	168	1.05	1.40 L	0.750	1.50
$Ba(OH)_2$	32.5	0.190	500 mL	0.379	0.759

13. Se toma una alícuota de 125 mL de la solución madre y se afora a 250 mL
14. Se toma una alícuota de 18.6 mL de la solución madre y se afora a 500 mL con agua destilada
15. Se toma una alícuota de 43.2 mL de la solución stock y se afora a 1000 mL con agua destilada.
16. Disolver 30.0 mg del péptido en 199.97 g de agua destilada

17. 2.308 kg de A + 7.692 kg de B

18. Retirar 130 g de solución al 25.0 % y reemplazarlos por 130 g de solución al 75%.

19. 1.03 g/L

20. 0.1829 N

21. 0.1433 N

22. 333 mL

23. NaCl: 5.553×10^{-3} KCl: 2.116×10^{-1} H$_2$O: 7.829×10^{-1}

24. a. 5.20 g

b. 1.68 g

c. 7.84 g

d. 13.7 g

25. a. 2.00 %

b. 1.00 %

c. 13.3 %

26. En la alícuota de 5.00 mL estaban presentes 0.178 g

Solución	A	B	C
M	0.0125	0.0625	0.250
N	0.0250	0.125	0.500
%	0.355	0.888	3.55

27.

Solución	A	B	C
[AgNO$_3$]	4.05×10^{-2}	8.10×10^{-4}	4.05×10^{-5}
Ag$^+$ (g/mL)	4.37×10^{-3}	8.74×10^{-5}	4.37×10^{-6}

Capítulo 5. Estequiometría:

1. Boro
2. 1.823×10^{23} átomos
3. 2.03×10^{-3} mol
4. 305 g
5. 17.4 toneladas
6. 3.45 g
7. 0.133 g
8. 44.48 %
9. 1.499 %
10. a. 217.1 kg
    b. 92.14 %
11. 3.23 g
12. 111.7 g
13. 50.0 L
14. 1509 L
15. Mg
16. AsH_3: 13.75 g As_4O_6: 1.586 g   Ag: 10.38 g H_2SO_4: 4.718 g
17. 0.473 %
18. a. H_3PO_4: 0.0132 N
    b. Hg_2Cl_2: 0.0155 N $SnCl_4$: 0.0309 N
    c. 0.842 N para ambos compuestos
    d. $(NH_2)_2CO$: 1.870 M
    e. 0.0780 N para ambos compuestos
19. Cu: 0.210 g Cu^{2+}: 1.79 g SO_2: 1.81 g
20. 2.01 g
21. 0.302 %
22. 0.263 %
23. 0.253 %
24. 1.5 L
25. 33.93 g/L

26. 427 ppm
27. 0.293 %
28. Al: 26.9 %   Zn: 73.1 %
29. a. 0.0615 g

    b. 75.4 %
30. 2.40 % mg
31. Concentración de la solución de ácido ascórbico: 0.0113 M

    % (p/p) en la pastilla: 20.0 %
32. a. 2.74 mol

    b. Naumanita: 20.2 % Argentita: 17.0 %
33. 5.56×10^{-6} g
34. 7.00 mL
35. 1.243 Kg
36. 37.05 mg
37. 32.67 %
38. Cu_2O: 93.63 % Ag_2O: 6.370 %

Capítulo 6. Equilibrio ácido – base:

1. b)
2. a)
3. 1.65 %
4. 12 mL
5. a. 11.00
   b. 11.52
   c. 3.28
   d. 7.21
   e. 5.11
   f. 8.35
   g. 1.70
   h. 0.24
   i. 7.09
   j. 4.65
   k. 4.35
   l. 1.29
   m. 1.41
6. a. 3.98
   b. 4.18
   c. 6.39
7. 2.5×10^{-10} (Zn^{2+})
8. 3.30
9. 1.0×10^{-8} M
10. 9.28
11. 9.78
12. 0.0179 %
13. %$_{ionización}$= 1.49 % $[OH^-]=1.19 \times 10^{-3}$ M $[H_3O^+]=8.40 \times 10^{-12}$ M
    $[NH_3]=0.0788$ M $[NH^{4+}]=1.19 \times 10^{-3}$ M
14. $[OH^-]=0.0171$ M $[H_3O^+]=5.85 \times 10^{-13}$ M
15. a. 9.90 L
    b. 31.5 L

c. 61.9 mL

16. $[C_2H_2O_4] = 0.8233$ M

    $[C_2HO_4^-] = 0.1738$ M

    $[C_2O_4^{2-}] = 2.948 \times 10^{-3}$ M

    $[H^+] = 0.1796$ M

17. 1.53×10^{-6} M

18. 1.75

19. El buffer, tanto antes como después de la dilución permanece con el mismo pH, sin embargo, cuando se trata del ácido ascórbico solo, sin diluir tiene un pH de 2.52 y después de haberlo diluido, el pH es 3.02 (haciéndose menos ácido).

20. Ácido benzoico

21. La concentración final de fosfato ácido de sodio (base) deberá de estar en una relación 0.6166:1 con la concentración final de fosfato diácido de sodio (ácido); por ejemplo: concentración final de fosfato ácido de sodio = 0.6166 M, con fosfato diácido de sodio a una concentración final de 1 M.

22. 76.2 mL de cloruro de fenilamonio + 124 mL de anilina

23. La concentración final de la base (carbonato de sodio) deberá de ser 4.7863 veces más grande que la del pacido (bicarbonato de sodio); por ejemplo, $Na_2CO_3 = 0.1$ M, con $NaHCO_3 = 2.0893 \times 10^{-2}$ M.

24. a. Con 1 mL: 4.20   Con 10 mL: 4.20   Con 50 mL: 4.18
    b. Con 10 mL: 4.20   Con 20 mL: 4.21   Con 50 mL: 4.21

    c. Con éstos valores se pone de manifiesto la enorme cantidad necesaria de ácido o base necesaria para cambiar por centésimas el pH en un sistema amortiguador.

25. Son necesarios 35.80 mL de NaOH.

    $[CH_3COOH] = 1.049 \times 10^{-2}$ M

    $[CH_3COONa] = 2.634 \times 10^{-2}$ M

    $[H_3O^+] = 3.162 \times 10^{-5}$ M

    $[OH^-] = 3.162 \times 10^{-10}$ M

26. $[HCOOH] = 0.324$ M

    $[HCOO^-] = 0.676$ M

27. 9.12 mL

28. 71.46 mL

29. 15 mL

30. 7.32 g

31. 317.5 mL

32.

Punto (%)	Vol. KOH añadido (mL)	mmol HF después de la reacción	mmol KOH después de la reacción	Vol. total (mL)	[ácido] o [base]	pH
25	9.4	2.248	-	29.4	0.0765	1.12
50	18.8	1.469	-	38.8	0.0386	1.41
75	28.1	0.752	-	48.1	0.0156	1.81
100	37.5	-	-	57.5	-	7.00
125	46.9	-	0.752	66.9	0.0112	12.05
150	56.3	-	1.504	76.3	0.0197	12.29
175	65.6	-	2.248	85.6	0.0263	13.42

33. Tomar 26 mL del ácido concentrado y llevarlo a volumen final de 5.0 L, evitando por supuesto agregarle la totalidad del agua al ácido para evitar accidentes.

34. 2.03×10^{-2} N como ácido

35. 9.41 %

36. 6.40 g/L

37. 5.16

38. a. 0.06418 N

b. 0.1202 N

39. a. 1.56

b. 2.09

c. 4.67

d. 6.61

e. 9.77

f. 11.92

g. 12.46

40. a. No reacciona

b. Sí, cuantitativa

c. Si, cuantitativa

d. No reacciona

e. Reacción en equilibrio

41. a. 7.94

b. 1.59

c. 8.46

d. 11.05

e. 8.07

Capítulo 7. Equilibrios de solubilidad:

1. D)
2. a. 8.9×10^{-9} M
   b. 9.0×10^{-5} M
   c. 2.5×10^{-5} M
   d. 2.9×10^{-9} M
   e. 1.7×10^{-15} M
3. a. 4.9×10^{-8} g/mL
   b. 8.4×10^{-6} g/mL
   c. 1.3×10^{-5} g/mL
   d. 1.7×10^{-5} g/mL
   e. 1.5×10^{-14} g/mL
4. a. 3.5×10^{-11}
   b. 6.3×10^{-7}
   c. 1.8×10^{-18}
   d. 1.6×10^{-9}
   e. 3.3×10^{-93}
5. a. 12.40
   b. 9.52
   c. 9.50
6. 3.3×10^{-20}
7. a. Más soluble en pH ácido
   b. Más soluble en pH ácido
   c. Más soluble en pH ácido
   d. Sin cambio
   e. Más soluble en pH ácido
8. 6.0×10^{-13} M
9. 3.4×10^{-10} g/L
10. 1.4×10^{-5} g/L
11. Prediga si se formará un precipitado en las siguientes situaciones:
    a. $Q = 4.0 \times 10^{-7}$; $K_{ps} = 2.1 \times 10^{-11}$ ($Q > K_{ps}$); sí se forma precipitado

b. $Q = 6.7\times10^{-6}$; $K_{ps} = 2.0\times10^{-10}$ (Q>Kps); si se forma precipitado

c. $Q = 1.2\times10^{-8}$; $K_{ps} = 4.2\times10^{-8}$ (Q<Kps); no se forma precipitado

12. 4.91 o mayor

13. En una solución hay iones Cl^-, I^- y F^- y para separarlos, se plantea agregar lentamente nitrato de plomo.

a. Ordenando valores de K_{ps} de menor a mayor: $I^- \rightarrow F^- \rightarrow Cl^-$

b. La diferencia entre la K_{ps} del PbF_2 y el PbI_2 deja un margen muy pequeño para trabajar la separación de ambos iones, por lo que se preferirá un catión cuyos halogenuros tengan valores de Kps más distantes entre sí, como la plata

14. a. $>4.6\times10^{-10}$ M

b. $>2.1\times10^{-6}$ M

15. a. A partir de 1.66×10^{-14} M

b. No mayor a 1.02×10^{-9} M

c. 1.63×10^{-3} %

16. 5.0×10^{-9}

Capítulo 8. Electroquímica

1. 0.03 g
2. 3.08 g
3. 1.2 g
4. 2.0 g
5. 5 mol de O_2/ 10 mol de H_2
6. a. 0.8105 g
   b. 0.2520 g
   c. 1.361 g
7. 206 min
8. 134 h
9. 2.04 A×h
10. 5.5 h
11. 4+
12. 2915 C/ 3.179 A
13. 3.75 A
14. 34.8 h
15. 30.42 g/ 39366 C
16. $[Sn^{2+}] = 0.0650$ M
    $[Sn^{4+}] = 0.0293$ M
17.
   a. $Cl_{2(g)} + 2I^-_{(ac)} \rightarrow 2Cl^-_{(ac)} + I_{2(s)}$
      $E^o_{celda} = 0.823$ V
   b. $Cu_{(s)} + Ba^{2+}_{(ac)} \rightarrow Cu^{2+}_{(ac)} + Ba_{(s)}$
      $E^o_{celda} = -3.237$ V
   c. $Fe_{(s)} + 2Fe^{3+}_{(ac)} \rightarrow 3Fe^{2+}_{(ac)}$
      $E^o_{celda} = 1.211$ V
   d. $2Cr^{3+}_{(ac)} + 6VO^+_{2(ac)} + H_2O_{(l)} \rightarrow Cr_2O^{2-}_{7(ac)} + 2H^+_{(ac)} + 6VO^{2+}_{(ac)}$
      $E^o_{celda} = -0.330$ V
   e. $Pb_{(s)} + PbO_{2(s)} + 4H^+_{(ac)} + 2SO^{2-}_{4(ac)} \rightarrow 2PbSO_{4(s)} + 2H_2O_{(l)}$
      $E^o_{celda} = 2.041$ V

18. a. 0.118 V

b. 1.062 V

c. 0.452 V

d. 0.028 V

e. 0.632 V

19. a. 0.445 V

b. A pH 0 = 0.456 V/ A pH 2 = 0.266 V

20.

a. $2H_2O_{(l)} + 5Pu^{4+}_{(ac)} + 2MnO^-_{4(ac)} \rightarrow 5PuO^{2+}_{2(ac)} + 2Mn^{2+}_{(ac)} + 4H^+_{(ac)}$

b. 0.443 V

c. $[Mn^{2+}]$: 0.031 M

$[PuO_2^{2+}]$: 0.078 M

$[H^+]$: 0.062 M

$[MnO_4^-]$: 0.025 M

d. 0.503 V

21. a. -431.10 KJ/mol

b. -13.31 KJ/mol

c. -48.435 KJ/mol

d. -55.77 KJ/mol

e. $+239.09$ KJ/mol

22. a. 1.03×10^{31}

b. $\approx 1.0 \times 10^{145}$

c. 2.28×10^9

d. $\approx 1.0 \times 10^{-443}$

e. 1.48×10^{75}

www.ingramcontent.com/pod-product-compliance
Lightning Source LLC
Chambersburg PA
CBHW080543220526
45466CB00010B/3013